生活在「仕掛」
無所不在的世界

〔問題〕

文件凌亂不堪，整理起來很麻煩

仕掛

斜貼膠帶的文件盒

忍不住把它擺成一直線

〔問題〕

如何讓人們保持洗手間的整潔？

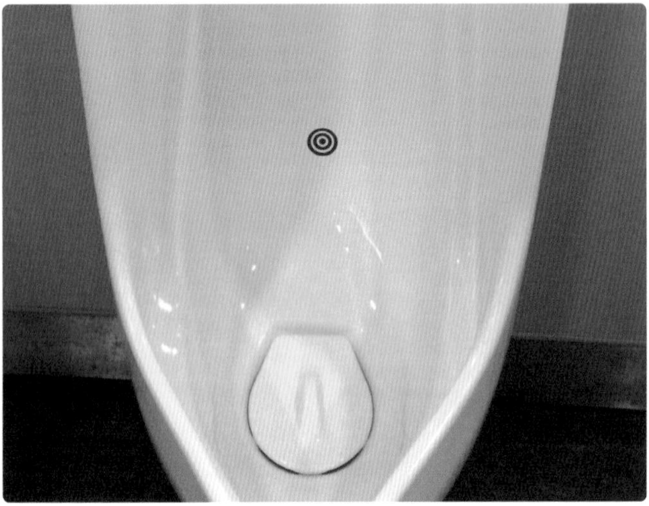

仕掛

﹀

貼上靶心的小便斗

﹀

忍不住就想瞄準它

〔問題〕

運動量不足，又懶得爬樓梯

仕掛

設計成黑白琴鍵的樓梯

忍不住踩上階梯，它會發出琴音嗎？

〔問題〕

隨地亂丟垃圾

仕掛

﹀

設置迷你鳥居模型

﹀

害怕天譴，不敢隨便亂丟了！

仕｜掛｜學

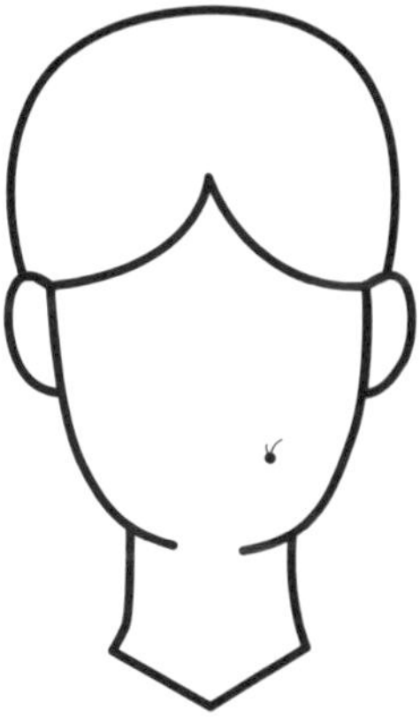

SHIKAKEOLOGY

使人躍躍欲試、
一舉兩得的好設計

NAOHIRO MATSUMURA
松村真宏——著
張雅茹——譯

四兩撥千斤的行爲設計法則——優雅地解決問題

盧禎慧—實踐大學工業產品設計學系副教授

「你設計的不是產品，而是人的行為模式，甚至是我們的生活型態。」這是我在設計學院教授「認知心理學」、「人因設計」及「設計心理」課程中，對設計系學生的崇高期許。這樣的設計心理觀點，居然完全呼應松村真宏（Naohiro Matsumura）的「仕掛學」。仕掛是透過裝置設計，讓人改變自身的行動。巧妙處在於，行為改變的契機，並不是以裝置本身來解決問題，而是從「裝置取向」的視角，轉到「行動取向」的視角，找到全新的解決途徑。

松村真宏以日常生活中所拍攝的一百二十件仕掛案例，說明了行為改變的訣竅。他分享了在大阪國際機場的男用洗手間裡，親自拍下有「靶心」圖樣的小便斗。設計概念源自荷蘭阿姆斯特丹史基浦機場貼有「蒼蠅」圖樣為靶心的小便斗。利用人類「非瞄準不可」的心理，有效減少八十%的尿液飛濺。又例如「世界最深的垃圾桶」設計，當垃圾投入垃圾桶時，桶內會傳出長達八秒的物體墜落音。丟垃圾成為具吸引力的行為體驗，促使垃圾收集的效能比平時多出四十一公斤，高達七十二公斤。這些能夠促使人們改變自身行動反應的裝置，在本書中稱之為「仕掛」。日語裡的「仕掛」，意指透過有形卻無形的裝置，喚起人們的注意與反應。透過仕掛設計，使人在不知覺中或自願動機中，改變自身的行動。在一百二十個案例中，仕掛設計優雅不露痕跡地改變人們的行為，四兩撥千斤般地巧妙解決了問題。

仕掛如何才能優雅不露痕跡地解決問題呢？松村真宏在《仕掛學》書中，首先訂定仕掛的基本原則，有系統地分析仕掛的原理、構成元素，並歸納出仕掛設計的發想方法。不同於傳統產品設計思維的問題解決方案，產品本身不再是設計的終極目的，而是從產品設計（裝置取向）的視角，轉為行為設計（行動取向）的視角。以仕掛設計人的行動，進而解決問題，才是設計的極致境界。

另外，不同於認知心理學的傳統問題解決研究取向，仕掛學需倚賴裝置的設計，讓人產生自發性的行動，從而解決問題。除了強調注意力、動機、誘導對仕掛設計的作用力外，松村真宏將仕掛學的基本構成元素分成兩類：物理觸媒與心理觸媒。（研習心理學的人讀完書中解析仕掛學的元素與原理，一定會嚇一跳。松村真宏這位人工智慧專家所建構的仕掛學，貨真價實地和心理學理論英雄所見略同。）物理觸媒所涵蓋的回饋機制與前饋機制，同義於在人機界面互動模式中，訊息處理歷程的感覺與知覺的輸入與輸出互動；心理觸媒所強調個人脈絡與社會脈絡對仕掛的運作原理，非常淺顯易懂地說明了學習認知、動機、社會心理學的研究要點。

在《仕掛學》書中，松村真宏建議了仕掛設計的發想方法。這套發想方法非常容易理解，有助於行為設計的操作落實。這兼俱實務與理論的仕掛學，應該非常適合設計師、心理學應用研究、行銷專業、老師與家長、及有興趣以四兩撥千斤解決問題的各領域人士閱讀。讓生活擾人的問題，以優雅的行為設計法則輕鬆解決。

驅使人們「爲我所用」的巧計

老侯—作家，日本職場及文化觀察家

剛剛自出版社朋友接過這本《仕掛學》，略翻幾頁，腦海聯想起的，是日本大型書店一角常見的「次文化」類書籍。

「次文化（subculture）」者，說的都是社會上諸般奇巧的事物，《仕掛學》的書名奇、內容更奇，歸類「次文化」，應是得其所哉。只是隨著內容的開展，機械叵測、玄虛翻覆，本屬雕蟲小技，竟成蔚然大觀，掩卷只剩拍案驚奇四字。

您若常看日本綜藝節目，則對「仕掛」一詞，必不陌生。節目製作單位（仕掛者）巧心安排各類機關，藝人（被仕掛者）則逐步深入而渾然不知，最終總能入我彀中，贏得觀者稱絕。這本是搏君一粲的設計，只要將概念稍加擴充，即能成為驅使人們「為我所用」的巧計。書中提到的幾個例子，如字紙簍設計成籃球框，可收垃圾集中之效；小便斗繪小蟲圖，可免尿液四散之苦。設計者有心栽花，引來使用人無心插柳，最終結果，自然是「為我所用」。

《仕掛學》既不能以「次文化」視之，即應以學問看待。著者松村真宏先生，大阪大學經營學教授，日本行銷科學學會、人工智能學會會員，學問背景竟與筆者相仿（筆者在日本專攻「行銷學」，亦曾為人工智能學會會員），按照松村真宏先生的解析，則「仕掛」如果運用得當，符合「兩皆無傷」、「因勢利導」、「殊途同歸」等原則，甚至可以成為行銷利器。誠哉斯言！我當年在行銷學領域上踽踽獨行，未有建樹，不想「仕掛」直如奇技淫巧，又似當頭棒喝，獲益匪淺。如此體例具備的內容，稱之為「學問」，誰曰不宜？

《仕掛學》一書，如溪水之引漁父，漁父之入桃源，百轉千折，最終豁然開朗，讀者勿寓目而輕忽之，則幸甚！

推薦文

驅動人們的行動來自於好奇心，這本《仕掛學》建構出完整的思考系統，能夠幫助你運用好奇心解決問題。書中數十種優質的仕掛設計案例，不只於無形中改善事件，更能讓你在思考中突破僵局。

徐浩庭—Sliders 設計總監

好的設計是在解決問題，有效的解決問題是目的，但如果解決的過程不直覺，複雜又枯燥，會讓人卻步，成為無用設計。將解決問題的過程及體驗變成直覺的、愉悅的，能吸引人想參與執行，是設計最高境界。此書提出了許多生活周遭有意思的「仕掛學」例子，讓讀者感同身受，更能體會及想像好的設計能如何讓生活更方便有效率，更快樂無負擔。

孫崇實&張博翔—器研所

生活在「仕掛」無所不在的世界

推薦序

推薦文

序章

讓人「忍不住想嘗試」的就是仕掛　17

1章

仕掛的基本 55

2章

仕掛的構成　89

3
章

仕掛的發想法

序章

讓人「忍不住想嘗試」的就是仕掛

天王寺動物園裡的竹管

筆者原本從事人工智慧的研究，為了找出效能更好的決策模型，成天埋首於分析電腦數據。直至二〇〇五年的某一天，才彷彿突然醒悟，意識到這個包羅萬象的世界，並不是以「數據」的形式存在。

當我們停下腳步側耳靜聽：鳥雀正在枝頭上啁啾鳴囀，微風輕拂樹梢的細微聲響，都變得如此清晰。呈現在我們眼前的各種現象，無須經由數據轉化。可是一台性能卓越的電腦如果缺少數據，就只是個空箱而已。這時我才明白，停止仰賴數據或電腦，未嘗不是一種解決問題的方法。

人類與生俱來就擁有感知鳥語花香的能力，使人察覺到周遭變化的，既非數據也非電腦，而是生活空間中充滿魅力的「仕掛」。

日語裡的「仕掛」一詞，意指透過有形卻似無形的裝置，喚起人們的注意與反應。仕掛作用於程式運算以外的真實世界，因此研究仕掛須得從日常生活中著手。

我平時就有收集仕掛實例的習慣，也逐漸注意到仕掛可以解決生活上大大小小的問題。這促使我決定投入「仕掛學」的研究。

〔仕掛1〕是我到大阪市天王寺動物園遊玩時，偶然在亞洲熱帶雨林區裡發現的竹管。起初我感到好奇，它旁邊既無任何文字說明，也看不出作何用途。從它狀似望遠鏡的外型，我猜想它可能是個觀看用具。

於是，我試著蹲低身子，將眼睛湊近竹管的洞孔往內瞧。這時才發現，

[仕掛 1] 竹管

竹管洞孔的高度距離地面僅一公尺，恰好是小孩子視線所及之處。當孩子從旁走過，自然而然會注意到它。我站到稍遠處，觀察從竹管前方經過的遊客，每個小孩子都開心地從竹管洞孔中窺看著象糞（擬真模型）。

置身於動物園裡，的確不太容易留意動物以外的細節。若不是這根架設在小徑旁的竹管，遊客也許會快步通過大象觀賞區。天王寺動物園利用這種「生態展示」的方式，忠實呈現出動物的棲息環境，引導遊客留意更多值得觀察的重點。

而放在路旁的竹管，就是為了讓人們看到其他重點而設計的仕掛。

這根竹管是我第一件發現的仕掛，對我而言尤具紀念意義。它似乎在冥冥之中為我指引了從數據或電腦脫困的道路，使我領悟到「引起注意」才是解決問題的關鍵，透過「仕掛」設計，就足以達到這方面的效用。

如今我有空時仍會去天王寺動物園裡散步，順便確認竹管是否安在。*1 它的構造簡單，不易損壞，也不必特地維護，是個理想的仕掛。

自從發現竹管之後，我便開始到處尋找「仕掛」的蹤影，不知不覺間竟也累積了數百件實例。

後來我趁著赴美國史丹佛大學擔任客座研究員的機會，將自己費心蒐集的仕掛實例進行分析，擷取出「仕掛」的設計原理。本書所介紹的內容，大抵源自當時的成果。〔Matsumura et al. 2015〕

*1　我上次是在二〇一六年六月十二日去的。

藉由行動解決問題

我們日常生活中出現的問題，往往肇因於我們本身的行為。

若要解決運動量不足的問題，唯一的辦法是勤做運動，這件事不能交由他人代勞。飲食過度、環境凌亂的情形，同樣也得從改變自己的行為做起。

即使是環境保護、交通安全，關乎「大眾」集體行為的問題，終究是要每一個人切實的遵守，才能帶來顯著效果。所以，想要解決問題，就要先改變行為。

運動量不足本來是個人問題，但是如果不健康的族群繼續擴大，社會負擔的醫療成本也會跟著加重。日本國內因為人口快速老化，正面臨著高齡化社會醫療成本增加的難題，只有盡量保持健康，方為上策。

其實，大家早就知道該怎麼做才適當。幾乎沒有人不知道運動量不足、鹽分攝取過多，對身體健康有害處。可是若非日積月累，就不會感受到上述習慣帶來的影響，因此大家儘管理智上清楚，仍然難以抵擋一時的安逸舒適或口腹之慾。

這種時候，苦口婆心的勸誡對方「這麼做比較好」通常沒有效果。倒不如善用仕掛，促使對方產生「躍躍欲試」的心情，間接解決問題。

如何讓使用者物歸原位

問題出現時，解決的途徑通常不止一種。讓我們來看看勸人維持環境整齊的常見作法，並思考其中的差異。

我想，讀者腦中浮現的辦法，大概是張貼「請隨手物歸原位」的標語。可是過去的經驗已證明標語的效果不彰，假如大家願意遵守標語的指示，那麼打從一開始就會物歸原位了。

再想想別的辦法。我這裡有個提案，剛開始也許得費點工夫，不過卻能夠幫助使用者輕鬆地達到目的。

如〔仕掛2〕所示，先將文件盒依序由左至右排列好，接著在背面斜

[仕掛 2] 斜貼膠帶的文件盒

[仕掛 3] 漫畫套書書背上的拼圖

[仕掛 4] 腳踏車停車場地上的線條

貼一道彩色膠帶，然後割開，如此順序就變得一目瞭然。當取用者發現斜線高低錯雜時，總會忍不住把它重新擺成一直線，結果就達到物歸原位的目的。〔仕掛3〕漫畫套書書背上的拼圖，也有相似的作用。

只要在停車場的地上畫幾道直線，車主就很難把車子橫著放，反而會沿著直線擺好。隨意亂停不僅會縮減停放的空間，也會妨礙路人通行。畫上一道道直線，人們便會自動改變停放的方向，車子也能排列整齊。〔仕掛4〕是泡麵發明紀念館前方的腳踏車停車場。由於車主將腳踏車依照斜線停放，所以不會突出通道。

這種方法還可應用於兒童房。我們都知道，口頭上要求孩子把散落一地的玩具收拾整齊，孩子多半不會聽話。我的女兒都還在讀小學，她們一旦開始整理玩具，沒多久就又玩了起來，結果總是愈收愈亂。

但是若像〔仕掛5〕把籃板框安裝在垃圾桶的上方，孩子就會忍不住

[仕掛 5] 附籃板框垃圾桶

把玩具「咻——」地丟進籃網。他們只不過是玩著投籃遊戲，玩具便穩妥地收進了垃圾桶。

〔仕掛6〕是美國超市販售的絨毛玩偶：湯米．史塔佛（Tummy Stuffers）。

它的嘴巴大大張開，如袋子般的肚子可以裝納物品。如果把這隻玩偶拎到玩具房裡，告訴孩子：「湯米的肚子餓扁啦！」他們就會趕緊撿起房間裡四處亂扔的玩具，餵給絨毛玩偶吃。這也不失為整理的良方。

接著我們再來想想該如何讓「人」變得井然有序。筆者家住大阪，偶爾搭乘飛機或新幹線到東京出差。大阪人搭電扶梯時靠右站立，左側通道留給趕時間的人走。東京人則相反，搭電扶梯時靠左站，右側用於通行。兩地截然相反的規則，常讓旅客產生混淆，筆者也搞錯了好幾次。每當有人站錯了邊，就會出現壅塞的情形。

要避免這種問題，可以仿照〔仕掛7〕在電扶梯的左側漆上腳印圖示，人們自然會明白應該靠左站立，而使人流順暢。同時它也暗示了電扶梯的速度很快，提醒人們站穩腳步，避免跌跤。

畫上直線、加裝籃板框、使用絨毛玩偶、漆上腳印，都是幫助人們隨手整理的巧思。

能夠促使人們改變自身行動反應的裝置，本書稱之為「仕掛」。

這些仕掛的共通點在於「最後」都達到物歸原位或整理的目的。人們渾然不覺自己正在動手整理，而環境卻恢復了原本該有的整齊。

從這個角度看來，仕掛裝置實際上是一種精密的計算。它不僅可以改善環境整潔，當然也能巧妙運用在日常生活當中，教人們樂意改變自身的行為。接下來我將逐項解釋「仕掛」的特色。

[仕掛6] 絨毛玩具收納袋

[仕掛 7] 電扶梯上的腳印

改變行爲的奧祕

如何才能改變慣性的行為模式呢？人們通常不會立刻聽從他人的勸言，也容易對由上而下的指令心生抗拒。我想，每個人多少都曾有過「反正大家都不這麼做，我不做也沒有影響」的心理。

愛玩才是人的本性。玩樂既可彰顯個性，更是人人皆有的權利，抱持著這種想法的，應該不是只有我一個人。

馬克・吐溫的名著《湯姆歷險記》裡，主角湯姆是個充滿玩心的小男孩。老師罰他去油漆牆壁（它的確是件苦差事），他卻一反常態的表現出躍躍欲試的態度，結果竟使得身旁的朋友也受到吸引，動手幫忙擦油漆。

而在伊索寓言〈北風與太陽〉中，北風與太陽互相比賽，看誰能先讓路上的行人脫掉上衣。北風卯足了勁，張口吹起驟然狂風，行人卻拉緊衣襟拼命抵擋。太陽則是不疾不徐地散發著溫暖燦爛的日光，讓路人熱得紛紛脫下衣服。

這幾段故事都透露出改變行為的奧祕：與其施壓、勉強，不如給予動機。

雖然誘導出「忍不住想嘗試」的過程尚留有一絲不確定性，以致於稍顯迂迴，但是當直接勸告無論如何都發揮不了效用時，繞個遠路說不定能找到希望。

[仕掛 8] 小便斗上的靶心

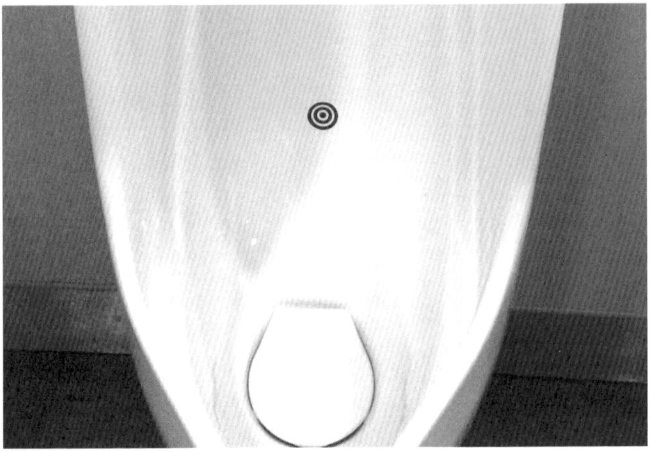

非瞄準靶心不可

我在大阪國際機場的男用洗手間裡，拍下了〈仕掛8〉這張照片。它是個貼著「靶心」的小便斗。男性讀者可能覺得這很稀鬆平常，但是女性讀者不太瞭解，因此我還是把它附在書上。*2

這個靶心的設計，充分利用了人類「非瞄準不可」的心理。它張貼的位置恰好落在最不易飛濺到外面的角度上，使用者只要瞄準靶心，便有

*2 小便斗上的靶心頗為常見。但是很少有機會能夠（在現場無人的情況下）拍照，而且也很難找到適合作為被攝物的（乾淨）物件，所以甚少有書收錄。〈仕掛8〉是在清掃過後且無人在場的情況下攝得之珍貴照片。

助於維持乾淨的環境。

我們常常看到「請保持洗手間環境清潔」的標語，卻未必會格外小心。然而簡單地貼上靶心，就能夠發揮長期的效果。

荷蘭阿姆斯特丹史基浦機場的男用洗手間裡，小便斗上也貼著「蒼蠅」圖樣的靶心*3。根據調查報告，它確實可以有效減少八十%的尿液飛濺。〔Thaler and Sunstein 2008〕

據說這是最早在小便斗上張貼靶心圖樣的例子。

小便斗上的靶心，除了「箭靶」或「蒼蠅」之外，還可以代換成其他圖案。筆者最欣賞的是甲子園職業棒球體驗城裡的「火焰」圖樣〔仕掛9〕。

這是利用特殊塗料製作的「火焰」貼紙，紙面接觸到不同的溫度時，會由紅色轉為透明，彷彿就像是火焰被撲滅了。*4

〔仕掛10〕是我在美國好萊塢發現的階梯。醒目的白黑相間，一看就知道是模仿鋼琴鍵盤所做的設計。

每段階梯上都安裝著感應器與擴音喇叭。有人踏過階梯時，感應器便自動發出相應的音階。當遊客發現了鍵盤模樣的階梯，總不免猜想它是否真的會發出聲音，於是便在好奇心的驅使下走了上去。琴鍵階梯的設計讓人們一邊享受爬樓梯的樂趣，同時又達到運動的目的。

再介紹一個有趣的例子：「世界最深的垃圾桶」（The World's Deepest

---

*3 根據 http://www.urinalfly.com/pdfs/urinal.pdf 的研究，最適當的位置是張貼在排水孔上方51公釐處，與左右各相距25公釐。

4 甲子園職業棒球體驗城男用洗手間裡的「火焰」貼紙並不會變色。但體驗城裡販售有會變色的火焰貼紙。另外，東海新幹線（JR）車站裡的男用洗手間，是以藍色三角形當作小便斗靶心，溫度變化時藍色會轉為紅色。

[仕掛 9] 小便斗上的火焰

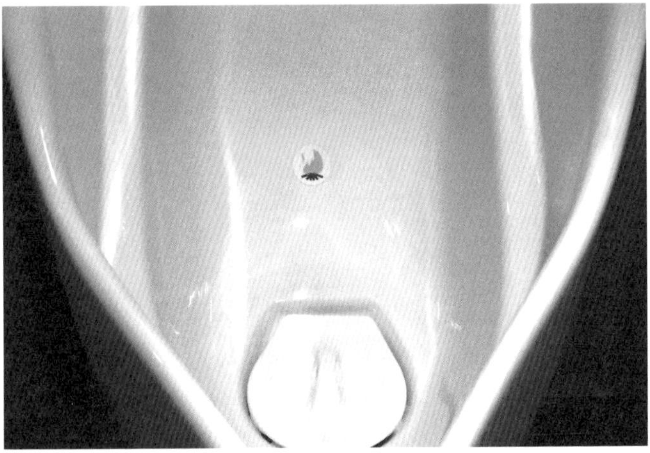

[仕掛 10] **琴鍵階梯**

Bin）。這件設計曾經入選德國福斯汽車公司主辦的「趣味發明大賽」（The Fun Theory）。*5

只要有人將垃圾扔進這個桶子，桶內就會傳出長達八秒的物體墜落音，最後才發出著地的撞擊響聲。*6

而丟垃圾的人為了確認剛才聽見的聲音，便會再丟一次垃圾。讀者不妨在Youtube網站上搜尋公開影片*7。從影片中可以發現，許多路人特地撿拾起周遭的垃圾，扔進垃圾桶中。

據說在設置了這件仕掛的公園裡，垃圾收集量比平時多出四十一公斤，高達七十二公斤。其實，設計者只是加裝了墜落及撞擊地面的音效感應裝置，便創造出如此劃時代的垃圾桶，讓丟垃圾成為一種有趣的體驗。

*5 http://www.thefuntheory.com

6 假設在沒有摩擦阻力的情況下，這段墜落音的長度，相當於三百公尺的深度。

7 連結註5的網址後，可以觀賞這段影片。

好仕掛／壞仕掛

在本書中，我將以淺白易懂的用語，解說仕掛的原理與知識。對這門學問有興趣的讀者，不需任何先備知識即能閱讀。

為了避免造成誤解，我想預先說明：書中探討的仕掛，不是以刺激銷售為目的，而是要讓人們看見商品本身的魅力，然後產生興趣。

仕掛的確可能被運用於實現不良企圖。或許有人研讀仕掛的原理，是想利用它來賺取大筆財富。儘管不能排除這種動機，但是我心目中的仕掛，並不是一種謀取不當利益的設計。

因此，本書是在區別出「好仕掛」與「壞仕掛」的前提，向讀者闡介「好仕掛」的原理。分辨的方法很簡單——當反應者理解了仕掛設計者的用意，欣然讚道「真是一舉兩得」的就是好仕掛，生氣說出「受騙了，我再也不上當」的就是壞仕掛。

話雖如此，仕掛的好或壞，仍然有其模糊地帶。改變陳列架上的商品擺設、變換菜單的寫法，都是商家經常用來刺激銷路的行銷手法，不過，它們並不算是欺騙消費者的行為。如果商家為了增加營收而調漲售價，消費者當然會吃虧；然而若是為了製作出有益健康的產品，將成本反映於售價上，那麼消費者並不會感到不快。

儘管消費者買了比較貴的商品，但是它的品質也確實滿足了消費者的要求。這種情況不能說是蒙蔽消費者的行為。

仕掛的三大基本原則

人們固然都是出於某種目的而製作某件物品，但是這些物品不盡然都屬於「仕掛」。那麼，有沒有清楚劃分「仕掛」與「不是仕掛」的基準呢？

在本書中，我將「仕掛」定義為誘發行動以解決某個問題的裝置／設計，同時，它也必須符合「FAD三大原則」（FAD為三個英語單詞的開頭字母）：

公平性（Fairness）：不謀取或侵犯任何人之權益。

吸引力（Attractiveness）：誘導人們採取行動。

雙重目的（Duality of purpose）：設計者欲解決的問題和反應者採取行動的意圖，互不相同。

本書所說的「仕掛」，專指符合FAD三大原則的裝置／設計。這與日本人平時使用「仕掛」一詞時的定義不盡相同，請特別注意。

下面再個別解說FAD三大原則：

「公平性」（F原則）指的是不謀取或侵犯任何人的權益，不欺瞞使用者。前面曾經提及的「壞仕掛」就是欠缺公平性，所以不屬於本書所認可的仕掛。

「吸引力」（A原則）指的是仕掛具有「誘導」人們採取某種行動的作用，而不是「強迫」人們改變行動。為了符合這項原則，仕掛設計者只能提供新增的行動選項，確保人們仍可在自由意志的選擇下，決定自己的行為。只要人們有可能因為這件仕掛而採取新的行動，這件仕掛就具備了吸引力。反之，當人們連它的存在都難以察覺，就說明了這件仕掛的吸引力不足。

「雙重目的」（D原則）指設計者之目的（欲解決的問題）和反應者之目的（採取行動的意圖）不同。若缺少這項條件，就不符合本書的「仕掛」定義。

大多數情況下，仕掛並不會顯明問題所在；反應者通常是對仕掛本身感到興趣，而不假思索地做出行為反應。

或許有人能夠察覺出仕掛和問題的關聯，不過，一件效果良好的理想仕掛，並不會讓使用者感到排斥而不願作出相應的行動。

就像〔仕掛4〕腳踏車停車場地上的線條、〔仕掛8、9〕小便斗上的靶心，都同時達到了利己利人的雙重目的。

事實上，在日常生活中受到仕掛吸引而採取行動的人，大概都不會察覺到所謂的FAD原則，甚至不曾意識到仕掛的影響。然而一旦明白了仕

[仕掛 11] 我家的麵包烘焙機

掛的機制，人們將會開始發現仕掛其實近在咫尺。

筆者最喜愛的一件生活仕掛是〔仕掛11〕麵包烘焙機。夜晚就寢之前，把兩百五十克高筋麵粉、十克奶油、十七克砂糖、六克脫脂牛乳、五克的鹽、一百八十毫升白開水、二‧八克酵母統統放進這台機器，再設定好預約烘焙模式。隔天早上指定的時間一到，麵包就熱騰騰地出爐。我們全家人聞到麵包香氣的那一刻，就會立刻睜開眼睛，因為剛烘好的麵包如果不立即取出，將會慢慢縮小，即使睡意再濃，都要奮力地爬出被窩。吸引力實在超群！

而努力起床的代價，就是有鬆軟溫熱的麵包可以大快朵頤。這台麵包烘焙機兼具了鬧鐘功能，符合雙重目的的原則，而且也不侵犯任何人的權益，滿足所謂的公平性。這麼一台麵包烘焙機，正是符合FAD三大原則的好仕掛。

可以預約烹調時間的咖啡機，也能達到相同的效果。普通的鬧鐘只是發出吵鬧的鳴響，粗魯地打斷睡眠，往往使起床這件事充滿無奈。麵包烘焙機或咖啡機卻創造了良好的起床經驗。

日語裡的「仕掛」，還包含了不同的定義。有些讀者說不定會想起魔術師的經典台詞：「我手上沒有暗藏種子，也沒有暗藏玄機（仕掛）！」有些人則會想起忍者布置的「陷阱（仕掛）」。

打開《超級大辭林》（三省堂出版），「仕掛」底下洋洋灑灑列著數種定義：

①做到一半的、剛開始著手的。例：「做到一半（仕掛）的工作。」
②推動、促進某事。催促。例：「等待對方的催促（仕掛）。」
③為了特定目的而設計的物件。

A裝置、機關、玄機。例：「我手上沒有暗藏種子，也沒有暗藏玄機（仕掛）。」

例：「這部電影最後才揭曉伏筆（仕掛）。」

B餌。由主線、魚鉤、釣針、沉子（鉛錘）等組合而成的釣具。

C花式煙火的簡稱。

④打掛、搔取*8。例：「請用這種方式穿上打掛（仕掛）。」（原典出處：人情本．春色梅美婦彌．五）

⑤作法、策略。例：「兩人皆仿效善吉的作法（仕掛）。」（原典出處：浮世草子．好色一代男．四）

⑥欺騙。例：「錢的事兒就矇混（仕掛）過了關。」（原典出處：淨琉璃．堀川波鼓．中）

⑦準備。特指準備餐點。例：「不能不做（仕掛）早飯。」（原典出處：人情本．春色英對暖語）

*8 譯注：「打掛」（うちかけ）是日本女性和服的一種，別名「搔取」（かいどう）。

本書的「仕掛」比較接近上述②與③的用法。但是，書中專指「提供新的行動選項，並誘導人們對此做出反應」，而不像②這麼積極。此外，也指「透過人們採取的行動來解決問題」，而不像③是以仕掛本身來解決問題。

至於①④⑤⑥⑦的用法，則與本書無關，也不帶有「雙重目的」或「公平性」的意涵。

所以本書使用的是「仕掛」一詞的引申義，包含FAD三大原則在內。

筆者將「仕掛學」建構為專門的學問，故須排除「仕掛」一詞原來的多義性，並賦予其專用定義。我將它定名為「仕掛」，用意是希望借助這個日語常用詞彙，拉近大眾與這門學問的距離。期望在本書的推廣下，一般讀者對於符合FAD三大原則的「仕掛」能有更多的認識。

仕掛的運用範圍

仕掛的運用範圍小至日常問題、大至社會問題，無所不包，適用於所有的人。以下試舉幾個例子來說明：

・早上總是被鬧鐘打斷好夢的人

↓能夠舒舒服服地起床的仕掛。

・在意體型的人

↓促進運動的仕掛或預防飲食過剩的仕掛。

・正在思考新商品陳列方式的行銷人員
↓引發顧客興趣並且決意購買商品的仕掛。

・有意改善發展中國家的環境衛生問題的創業家
↓促使人們將垃圾丟進桶內、保持洗手等清潔習慣的仕掛。

・正在思考暑假作業要研究什麼課題的小學生
↓樂意幫忙做家事或整理雜亂房間的仕掛。

這些都只是簡單的例子。從孩童到成人，從家庭到商場，在各種不同的場合中，都可以設計出符合不同目的或需求的仕掛。希望本書能夠提供給讀者更多創造「仕掛」的點子。

1 章

仕掛的基本

增加行動的選項

仕掛的設計關鍵是「增加行動的選項」。假如這個新的行動選項具有吸引力，人們就有可能改變自己的行動，反之如果不感興趣，則可以維持原本的行動。

從下方圖1當中，可以看到新舊選項的關係。仕掛的好處就在於它只是增加了行動選項，但不會刻意強迫改變人們的行動。

由於它是在原先的行動之外，追加一個新的行動選項，所以並不會剝奪人們本來預期的做法。而且無論最後人們選擇採取哪一種反應，都不會感到受騙上當或心生不滿。換句話說，仕掛不減損任何人的期望，卻又能夠解決問題。

圖1 仕掛就是增加行動的選項

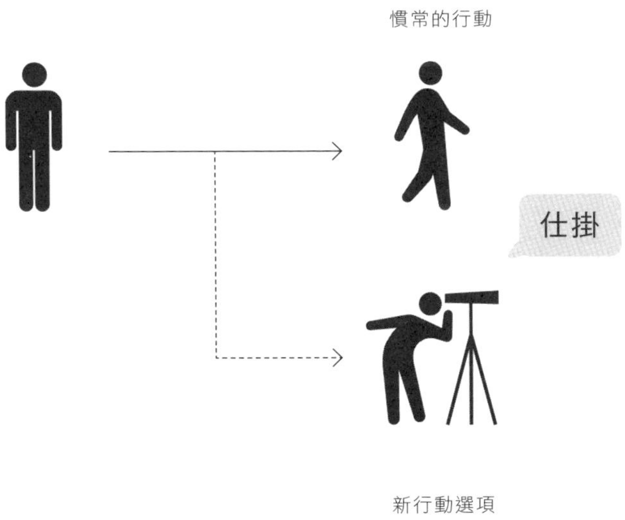

到目前為止，我介紹過的仕掛實例，都是向民眾暗示他可以選擇採取不同的行動。譬如將文件盒按照斜貼的膠帶對齊排好、拼合漫畫套書書背上的圖案、沿著停車場的直線停放腳踏車、把玩具投進垃圾桶上的籃板框、餵絨毛布偶吃玩具、站定在電扶梯的腳印上、瞄準洗手間小便斗的靶心、踩上階梯、用麵包烘焙機當作鬧鐘。

仕掛的設計，就是要促使人們發現還有更具吸引力的其他選項，從而自發地選擇採取相應的行動。

有效誘導行動

在行動選項之中，也包含了「不行動」的選項。在日本的巷弄牆角處，常常可以發現像〔仕掛12〕的迷你鳥居模型，但是這些地方既不是神社，也不是神社的分社。

鳥居通常都設立在神社的入口處，而在牆角擺放這種迷你鳥居模型，則讓人們想起神聖場域，並收斂自己的行為，免得引起天譴。人們帶著小狗外出散步時，如果看見狗兒準備在此處便溺，必定也會急忙阻止。同理，它對於非法扔棄垃圾的行為也有抑制效果。鳥居就是讓人們「不行動」的代表例子。

倘若不放置迷你鳥居模型，代之以「禁止亂丟垃圾」或「禁止在此便溺」的海報或立牌，當然也能喚起人們的注意。不過，人們對於強制手段通常會有些反感，而且這種做法似乎是對每一位過路客都帶著疑心，最好能免則免。

迷你鳥居模型並未傳遞出負面的印象，但是依然能夠改變眾人的行為。

[仕掛 12] 迷你鳥居模型

仕掛學所提供的方法，只作用於對「仕掛」發生興趣的人，而不是預設所有的人都會改變行動。

因此在設計仕掛時，不僅要考慮實際效用，也要綜合評估製作成本、維護成本，以及製作的難易度等，以便因地制宜安排最適當的仕掛。也許在一百個人當中，只有一個人將文件盒按著斜線擺放整齊，但是僅需斜貼膠帶就能夠實現這個目的，從解決的成本來看，它仍然稱得上是一件好仕掛。

理論上，我們每個人都擁有多種行動的選項，但是身處在熟悉的場所，早就在不知不覺中養成了慣性行為。如果一天到晚動腦思考今天該採取什麼行動，我們很快就會感到疲累而喪失行動力。

由此可知，仕掛必須有效引起人們的直覺反應，否則很容易會被大家忽視。天王寺動物園裡的竹管，就具有讓人好奇的效果。

若要設計出吸引力十足的仕掛，那麼就要先明白人類對什麼事情感興趣。在仕掛的設計上，得要廣泛地融入我們既往累積的知識與經驗。一旦開始留心觀察生活中各種仕掛的設計邏輯，我們就會發現自己向來習以為常的世界，變得不再一樣。

關於仕掛的原理，我將在第2章詳細介紹。

談到行動的選項設計，過去已有學者提出「推力理論」（Nudge，用手肘輕推以催促對方行動）。〔Thaler and Sunstein 2008〕它意指提供一個新的設計，使用者無須判斷這個選項是否合理，只要選擇使用，便可受益。舉例來說，購買了數位相機的顧客，不必特別設定相機就能夠拍出美麗的照片，因為這台相機本身已經提供了合乎他們需要的拍攝模式。

推力理論，是設計出不必多做考慮即可採行的常設模式（預設選項）；仕掛學的概念，則是設計出讓人們想要選擇的新增行動選項（替代選項）。

目的在於解決問題

仕掛最終改變了人們的行動，即使反應者的目的不是解決問題，但問題仍然獲得了解決。就像人們瞄準小便斗上的靶心只是一時好玩，結果卻對維持洗手間的整潔作出了貢獻。

如果有事想要找他人幫忙，與其直接向對方拜託，不如先引起對方的興趣，反而有助於順利解決問題。這種辦法尤其能夠讓麻煩的工作、使人感到意興闌珊而提不起勁的工作，變得充滿樂趣。

因此，愈是高明的仕掛設計，就愈看不出行動與待解決問題之間的關聯性。我稱這種特質為「仕掛副作用」*9。換言之，仕掛解決問題的手法就像是暗中「操繩」。*10

仕掛的副作用，利用的是行動本身所具備的多義性。舉例來說，這就像是把運動會中「投」球入籃的動作，轉為「投」垃圾入桶內的動作。二者動作（狀似）相同，但是卻能導致不同的結果。透過替換動作與狀況的組合，而得以實現所謂的仕掛副作用。

把垃圾桶當作球籃，然後播放運動會的樂曲，大掃除就立刻轉化為投籃運動。假如把它當成一場比賽，那麼，打掃不僅不再讓眾人卻步，反而充滿了投籃的趣味，在遊戲的過程中，即可達成恢復環境整潔的目的。*11

---

*9 最早談及「仕掛副作用」的是關西大學的松下光範，他在個人推特 Mitsunori Matsushita（m2nr）上說到：「我認為仕掛學的基礎是『副作用』。它不像社會制度，著重於引導人們的行為，而是給予其他的目的（小便斗上的蒼蠅圖案）並從其副作用（防止濺灑）中得到益處。」2011/8/11.2:23. Tweet. https://twitter.com/m2nr/status/101584511271321600

10 「操繩」一語是京都大學的中小路久美代所建議的描述用語。

11 這是我與稻垣敬子及小林昭彥（兩位皆任職於 KOKUYO 株式會社 RDI 中心）談話之際得到的點子，徵得兩位的同意後於此發表。

〔仕掛13〕照片中是一座教育花園的入口（位於美國加州）。遊客可以拉開左側的鐵絲網門進入園區，也可以從右側的隧道入口匍匐鑽進去，大部分的孩子都選擇從小洞進出。

隧道對孩子具有莫名的吸引力，因此他們也就更願意到園區裡一探究竟。從門口「進入」園區，轉為從隧道「進入」園區，這也是個轉化動作以產生高度連結的實例。

〔仕掛14〕是個募款箱。如果把錢幣投入手邊或裡側的滑軌孔，錢幣就會滑落到圓錐盤上，沿著斜面做圓周滾動，滾到底部時迴轉的速度加快，最後才掉入中央的小洞。因為錢幣繞圓迴轉時發出的風切聲非常響亮好聽，它的旁邊總是吸引了許多人聚集觀賞。

這個募款箱的設計是將「投入錢幣」的遊戲動機與「投入錢幣」的募款目的進行連結的一個絕佳實例。

[仕掛 13] 隧道入口

[仕掛 14] 錢幣軌道募款箱

[仕掛 15] **櫥窗邊的踏台**

[仕掛 16] 幻視藝術拍攝景點

〔仕掛15〕是阪急百貨公司大阪梅田總店商店街上的櫥窗。店家常常隨著季節的遞嬗，在櫥窗內變換各種趣味的擺設。它精緻的陳列，足以使人萌生拍照的念頭，而店家特地在櫥窗邊準備的踏台，更是吸引人們趨前採取行動的關鍵。

〔仕掛16〕是大阪車站城（Osaka Station City）內的幻視藝術攝影景點，它就位於這棟建築物三樓通往時空廣場的階梯旁。

人們在這裡拍攝了視覺效果特殊的照片後，自然會想要分享到Facebook或Instagram等社群網站上讓朋友們欣賞。這些照片便間接成為阪急百貨與大阪車站城的活廣告。

這個例子是善用人們「想要引起關注」而上傳照片的行為，與「希望得到注目（希望大家幫忙宣傳）」的目標做出的連結。

仕掛副作用的本身也有副作用（意指副作用帶來的副作用）。比如投擲過多垃圾，致使垃圾滿出桶外；孩子只顧著在隧道入口玩耍，鑽進鑽出；一再觀賞錢幣的迴轉效果，卻不小心把身上的錢都用光了；太專心拍攝櫥窗，妨礙了旁人通行……等本末倒置的現象。

人們不一定會按照仕掛設計者的預期，做出相應的行動。儘管結果難以預測，但是預期外的反應，正好可以拿來修正原來的設計。直到完成仕掛以前，必須經過反覆測試與改良的過程。

強仕掛／弱仕掛

有的仕掛可以成功誘發多數人的反應，有的仕掛僅對少部分人士產生效果。人們對仕掛的反應有強弱之別，這與仕掛本身帶給人的「益處」

與「負擔」之輕重有關。

當改變自身行動的益處不夠明顯，而負擔卻很重時，人們就沒有改變行為的意願。

反之，當負擔很輕時，即使益處只有一點點，人們依然願意嘗試改變。可知仕掛予人的負擔愈少愈好。

仕掛帶給人的益處，指的是心情上的愉悅、快樂、期待、成就感等主觀感受。譬如〔仕掛10〕的琴鍵階梯，當遊客懷著姑且一試的心理舉步拾階而上，果然也真的發出聲音時，趣味感便油然而生，帶來了「益處」。〔仕掛8、9〕小便斗上的靶心，也讓如廁者因為瞄準而產生莫名的成就感。

至於仕掛帶給人的負擔，則是指改變行動時伴隨付出的體力、時間、費用等。相較於平時習慣的行動，人們對仕掛做出反應時，勢必會產生額外的消耗。

表1 **人們對仕掛反應的強弱**

<table>
<tr><td colspan="2" rowspan="2"></td><td colspan="2">**益處**
仕掛帶來的愉悅、快樂等主觀感受</td></tr>
<tr><td>**大**</td><td>**小**</td></tr>
<tr><td rowspan="2">**負擔**
改變行動需付出的體力／時間／費用</td><td>大</td><td>**稍弱**
（例：琴鍵階梯）</td><td>**弱**
（例：貼上可消耗卡路里貼紙的階梯）</td></tr>
<tr><td>小</td><td>**強**
（例：世界最深的垃圾桶）</td><td>**稍強**
（例：小便斗上的靶心）</td></tr>
</table>

比如在同時有琴鍵階梯與電扶梯可以選擇的情況下，選擇走樓梯就要比選擇搭電扶梯來得更費體力或費時，這就是「負擔」。

假如琴鍵階梯旁邊本來就沒有電扶梯，那麼，不管階梯是不是設計成琴鍵，都不會影響人們的負擔值，走樓梯也不算是額外的負擔。

表1顯示出「益處」和「負擔」的比重，造成人們對仕掛反應的強弱。由於走樓梯的負擔較重，若沒有足夠的益處——例如會發出聲音的琴鍵階梯所帶來的樂趣，人們就不願意選擇這項行動。

還有一種簡便的辦法是像〈仕掛17〉，在階梯側面貼上已消耗多少卡路里的貼紙。不過，走樓梯可換來的成就感很有限，走五階只消耗〇・四卡路里，益處也很小。世界最深的垃圾桶會傳出漫長的墜落音，最後才發出著地的撞擊聲，對丟垃圾的人而言是個明顯的回饋，更何況丟垃圾也幾無負擔可言。

[仕掛 17] 貼上可消耗卡路里貼紙的階梯

瞄準小便斗靶心的負擔很輕，但射中靶心的成就感不算太大。如果把上述仕掛按照人們由強而弱的反應加以排列，順序是：世界最深的垃圾桶、小便斗靶心、琴鍵階梯、貼上可消耗卡路里貼紙的階梯。

實際上，仕掛的製作成本、維護成本、製作難易度等各個面向都不應忽略。其次我們來看看仕掛的可持續性，這也是個評估的要點。我們不能單從仕掛的強弱來斷言仕掛的好壞，不過在思考人們反應強弱的問題時，可以參考表1的分類。

衝擊感將隨著時間而減弱

前面已提到，設置仕掛，期待的是行動帶來的副作用。但仕掛本身也有副作用，那就是變得「沒有新鮮感」了。

起初，人們可能因為它的獨特或衝擊感而產生好奇心，並嘗試做出反應。然而等到瞭解整體的運作方式後，就會逐漸失去玩興。如此一來，隨著接觸頻率的增多，仕掛的益處就會逐漸下降。由於負擔不會隨著接觸頻率多寡而變化，所以一旦益處不再勝過負擔時，便沒有足夠的誘因讓人們採取行動。仕掛的「益處」與「負擔」的損益交叉點，即是人們改變自身行動的抉擇點。

我們可以從圖2看出二者的關聯。益處或負擔的數值都無法實際量測得到，因此，評估仕掛的效果或可持續性時，不妨從益處的衰減曲線及其與負擔的關係切入。

益處的衰減曲線，表示人們對仕掛「漸失興趣」的過程。衰減曲線愈和緩，仕掛的效能愈持久。

在有關「遊戲化」（gamification）理論的相關研究中，已歸納出可延

圖2 仕掛的益處與負擔

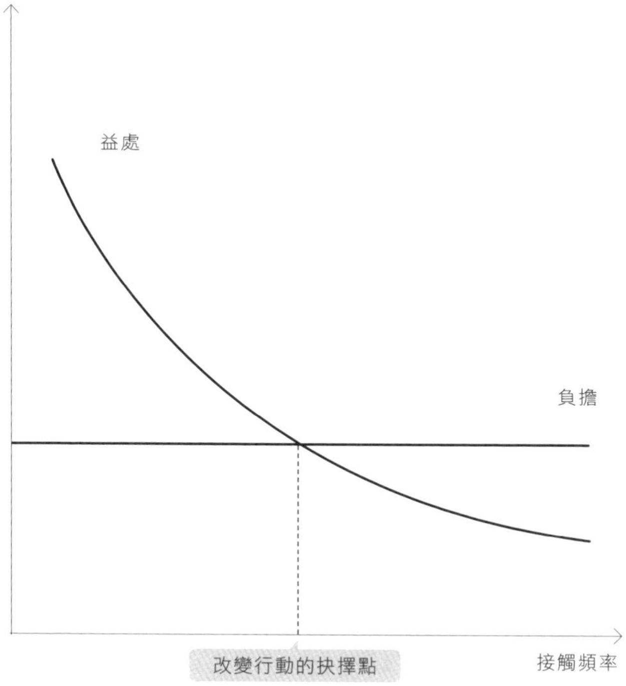

長使用者投入程度的幾項動力，包括：有進步空間、難易程度設定適當、可獲得他人肯定、激發博奕心理等等。這些亦可用於評估一件仕掛會不會很快使人失去興趣。

附籃板框的垃圾桶，其投擲進籃的難易度適中，而且只要練習就可以進步。可踩踏出聲音的琴鍵階梯非常有趣，可是卻很難達到演奏的水準，所以人們也缺乏一再挑戰的動機。

從圖2的線條也可瞭解到：縱使益處很小，但是負擔較輕的仕掛，效果較為持久。瞄準小便斗上的靶心是個負擔甚輕的舉動，所以這件仕掛可持續產生效果。

因為益處會逐漸下降，故仕掛予人的負擔愈少，就愈具長效。如果再加上幾個能讓使用者保持興趣的條件，那麼益處的衰減曲線就可維持在一定高度並延緩下降。

〔仕掛18〕是我家的大女兒在暑假進行自訂課題研究時，利用寶特瓶及百元商店的塑膠箱製成的募款存錢筒。

她為了延長仕掛的可持續性，特地放入各種扭蛋（在膠囊圓球中，預先放入糖果或是寫著可幫忙事項的小卡片），希望藉由提高博奕心理，使益處衰減曲線維持在一定高度。

假如仕掛設置的地點是人們平時難得前往的地方，即使是「只會嘗試一次」的仕掛也無妨。在觀光景點、活動場合等地，人們面對負擔較重但益處相對大的仕掛，通常樂意嘗試一回。

具高度衝擊感的仕掛，比較容易在社群媒體上流傳開來。若期望利用仕掛來宣傳活動或觀光景點，則可以考慮負擔較重、可持續性低但益處很大的仕掛，更容易達成目的。設計時應該區分其使用的目的，無需一味地追求仕掛的長效性。

[仕掛 18] 扭蛋募款存錢筒

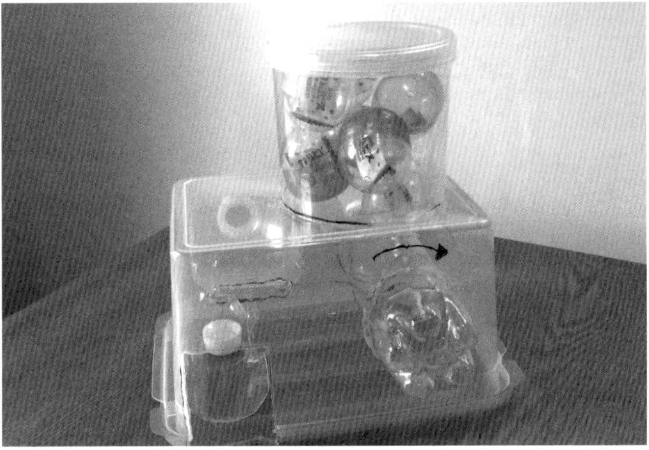

行動取向

仕掛並不是以裝置本身來解決問題，而是透過裝置讓人們改變自身的行動，從而解決問題。這是仕掛至關重要的概念。只要將「裝置取向」的視角，轉換到「行動取向」的視角，就能找到新的解決途徑。

用裝置來解決問題，不一定能享有自動化的便利。它需要導入成本，同時勢必需要花費定期保養或維修的成本。而且機能有限的裝置，有時反迫使人們陷於不便。

垃圾分類就是個最好的例子：裝置難以區辨出種類繁複的垃圾。假如人們只要改變自己的行為便能解決這項問題，那麼不僅能節省導入與維護成本，也能發展出更具彈性的解決機能。

在許多場合裡，眾人簡單的舉手之勞，其實就能換來極大的益處。

人們至今對於「維持公廁清潔」這一類生活常見的社會問題，已經嘗試過各種改善的方案。有人開發出自動清洗裝置或是不易髒污的建築材料，不過這些以裝置解決問題的做法，將無可避免地衍生出金錢成本。

反觀〈仕掛8、9〉在小便斗貼上靶心的例子，則是透過改變人們的行為，達到保持公廁整潔的目的，這便是「行動取向」的做法。

還有一個常見的社會問題。在不太引人注目的角落，總會有人任意棄置垃圾或留下遛狗時的狗便。若我們從裝置取向來找解決方法，也許可以安裝感應燈或防盜攝影機，以達到威嚇作用，但是連帶要為購買機器及屋外配線工程花上一筆費用。

若採取行動取向的解決方案，則可設置〈仕掛12〉這種迷你鳥居模型，藉著鳥居的神聖性喚起人們的自我約束意識，自然不敢再做出亂丟垃圾招致天譴的行為。

防治犯罪也是生活中常見的社會問題之一。以裝置來防範小偷潛入家中，就要加強實體設施的規格，例如換裝不易破解的門鎖、使用具指紋辨識功能的鑰匙、請保全公司安裝防盜設備等等。

然而，從行動取向來思考時，著重的是如何降低小偷的犯罪動機，防患於未然。隨手亂丟垃圾、違規停車、隨意棄置破損的玻璃窗等現象，都暗示了這個區域的治安不好，所以才會導致連鎖反應，使問題益形惡化——此即著名的「破窗效應」。〔Wilson and kelling 1982; Keizer 2008〕只要在空地上種花蒔草，便可於無形中傳達出居民對這個地方的高度關切與公德心，竊賊當然就敬而遠之了。

打造花圃不僅能夠美化街區，而且它帶來的副作用，也將對強化治安作出貢獻。

[偽仕掛 19]手繪腳印

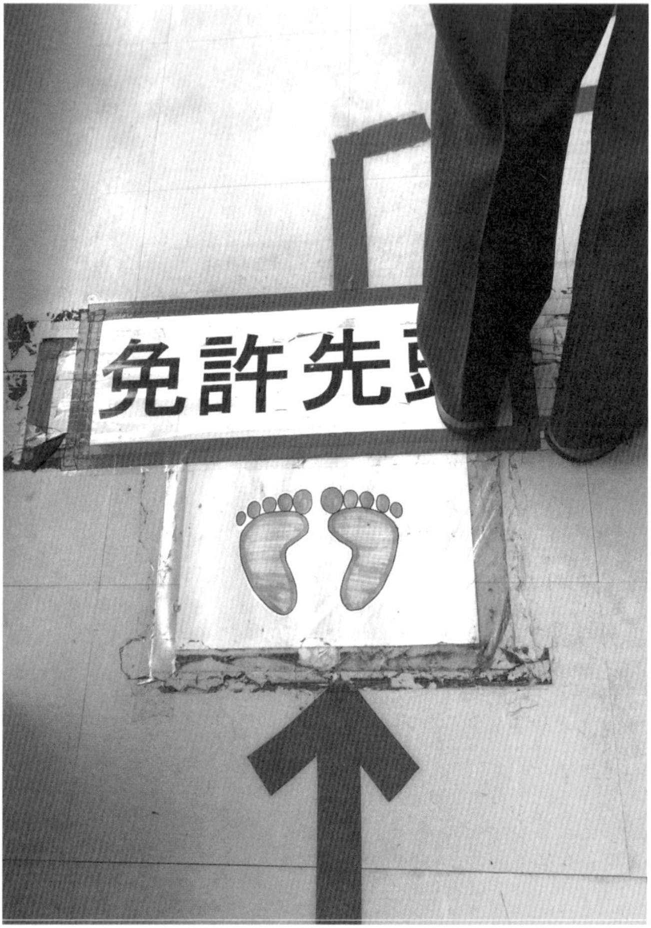

注意僞仕掛帶來的反效果

雖然仕掛是經過精心設計的裝置，但人們的反應仍有可能不如預期，甚至造成了反效果。〈僞仕掛19〉是筆者去監理所換新駕照時攝得的照片，顯然前來辦事的民眾都刻意避免踩到這張腳印圖示。

腳印暗示了「請站立在此處」的意思。我們往往會在電扶梯或火車站月台上，看見類似〈仕掛7〉的腳印圖示。但是〈僞仕掛19〉卻與當初期待的效果相反。

我想這恐怕是因為人們留意到它是一張手繪腳印圖示，所以不好意思直接踩在上面。儘管它看起來像仕掛，卻未如張貼者的預期，發揮引導行動的效果。我把這種仕掛叫做「僞仕掛」。

事實上，有些仕掛恰巧是利用手繪圖畫來達到防止踩踏的目的。大阪市及東京足立區政府在經常出現違規停車的路段上，張貼了以孩童手繪海報製成的貼紙。據報告指出，確實有效減少了違規停車的件數。*12監理所可以考慮將這張手繪圖案，替換成隨意踩踏也不會引起罪惡感的普通插圖，這麼一來，也許就能達成預期的效果。

*12 根據《大阪市東淀川區公報》二〇一三年六月號的統計。

講道理也不管用時的妙方

大家看到附籃板框的垃圾桶時，通常都會刻意走到稍遠之處，再將垃圾拋擲進去。不過，這樣的行為舉止是否合乎禮儀呢？按理說，從遠處扔擲垃圾既不雅觀，也不太會受到讚許。

走近垃圾桶，再把垃圾丟入桶內，才是禮貌文雅的作法。

但我們都知道，光講道理很難打動人心。垃圾就該丟進垃圾桶、走樓梯比搭乘電扶梯來得有益健康，這些道理人人皆知。

當人們明知有益卻不想採取行動的時候，仕掛就成了一帖妙方，它能透過其他的手段，誘導人們做出合乎道理的行動。

因此，仕掛並不是破壞常理，而是替不易付諸實行的常理，找到更有說服力的行為動機。

2章

仕掛的構成

仕掛的原理

仕掛是一種有效解決問題的手段，關於這一點，我在前章已有詳細說明。不過，讀者還不知道該如何開始著手設計仕掛。

回想起幼稚園、國小、國高中，乃至讀大學、研究所階段，學校教給了我們各種各樣的知識。在我的記憶中，從來不曾學習過與仕掛相同的思考邏輯或製作方法。

然而，我們卻都不約而同受到仕掛的影響。可知只要檢視自身的經驗，客觀分析仕掛引起反應的原因，就能明白仕掛的運作原理。

因為靶心被張貼在小便斗內恰當的位置上，使用者才會順便瞄準它。假如我們留意思考這個細節，就能領悟出「靶心」在仕掛設計上具有誘使瞄準的作用。

當然，靶心只是一個簡單的例子，其他的仕掛結構更為複雜。筆者一向以收集仕掛實例為樂趣，至今也見過各種因應不同問題、設置地點、對象屬性、興趣條件而設計的仕掛。

仕掛的款式與種類如此繁多，看似沒有一貫的原則可循，但是，仕掛背後真正的「原理」其實單純得令人驚訝。

仕掛的構成元素

說明仕掛的原理之前，我想先向讀者介紹相關的用語。

為了有系統的理解仕掛概念，必須使用統一精確的詞彙來形容其特徵。

舉小便斗上的蒼蠅靶心為例，我們腦中浮現的，可能不出「小便斗」、「蒼蠅」、「靶心」這幾個名詞。

然而，這些詞彙只能用於描述該件「小便斗上的蒼蠅靶心」。仕掛的原理應當反映出現象的共通本質，而不是單一實例的組合物件。譬如「靶心」，把蒼蠅換成同心圓箭靶或「中」字，效果亦不變。所以「小便斗」、「靶心」、「蒼蠅」不能用來解釋仕掛原理中的構成本質。

因此，我們在描述仕掛時，重點不在它的組合物件，而是要說明它將誘導人們採取什麼樣的行動。

使用「瞄準」一詞可以精確道出「小便斗上的蒼蠅靶心」所誘發的行動，比起靶心或靶心的設計來得切中核心。換句話說，「瞄準」比「小便斗」、「蒼蠅」、「靶心」更能顯出動作的共通本質。

那麼，這個用語就足夠了嗎？這倒不全然。一個用語能否涵蓋不同仕掛實例的本質，才是最重要的。因此我們要找出精確且涵蓋範圍較廣的用語，以便對應現實中各種仕掛的實例。

換句話說，「瞄準」只能用來說明部分仕掛的原理，無法概括所有的仕掛。

用來表示行動的詞彙（動詞）有很多，並不是每個都適合說明仕掛的原理。在日本政府公布的常用漢字表中，光是動詞就超過一千個，把它們都拿來描述仕掛構成元素，可能又太多了。

仕掛涉及的知識領域非常多元。它是一種物理性的裝置，故與工學及設計關聯密切；若著眼於行為動機，則跟心理學或行動經濟學緊密連結。

因此，我參考了這些領域中的專門用語，挑選出可對應仕掛實例的詞彙，並將之抽象化，以提升實用性。透過這種方式將仕掛的特質闡述、整理之後，就清楚呈現出仕掛的構成元素。

我以收集來的一百二十件仕掛實例為對象，從中分析出兩種大分類、四種中分類、十六種小分類。這些分類包含所有仕掛的原理。分類結果詳見圖3。接下來，我將逐一說明各種原理的概念。

我的方法是先將實例分類，以「由下而上」（bottom-up）的方式，建構出仕掛的系統，並不是按照理論來建構仕掛的系統。

每一項原理都不是完全絕對的。根據觀點的不同，也可以建立出不同的分類架構。所以這並非唯一的一種分類架構，我希望讀者把它當作是某一種觀點的呈現。

【大分類】物理觸媒／心理觸媒

由圖3可知，仕掛的大分類包含「物理觸媒」與「心理觸媒」。

「觸媒」意指「誘因、誘導、動機」。物理觸媒指可以被覺察到的物理特徵，心理觸媒則是人的內在自發的心理動機。物理觸媒和心理觸媒

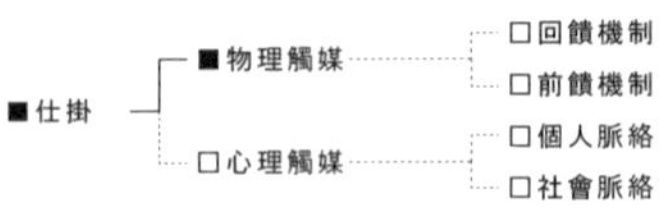

圖3 仕掛的原理

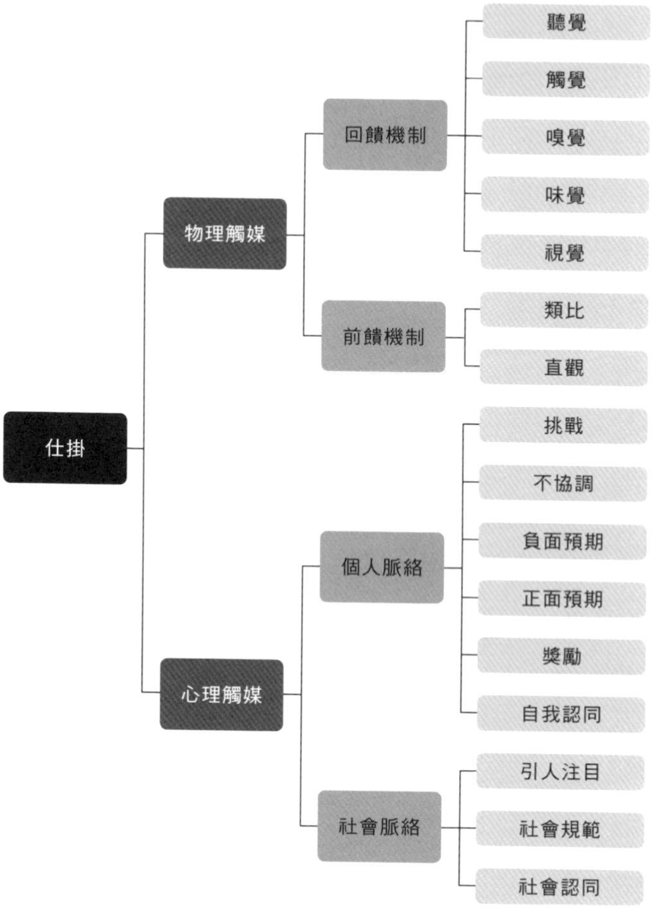
仕掛
物理觸媒
回饋機制
聽覺
觸覺
嗅覺
味覺
視覺
前饋機制
類比
直觀
心理觸媒
個人脈絡
挑戰
不協調
負面預期
正面預期
獎勵
自我認同
社會脈絡
引人注目
社會規範
社會認同

的關係，如同圖4所示。

當物理觸媒引發心理觸媒且自然形成連結時，仕掛就能夠有效發揮機能。「自然連結」指的是物理觸媒促使人們想起本身的知識或經驗，並且引導出心理觸媒。

心理觸媒的有無或強弱因人而異，有的人可能不會改變自身的行動。不過，仕掛不會強迫人們改變行動，讓人保有「不改變行動」的選擇權，才合乎仕掛的設計。

〔仕掛10〕的琴鍵階梯有著如同鋼琴鍵盤的外形，踩踏後還會發出琴音，這便是物理觸媒。人們看見階梯後，萌生出「試試能否發出聲音」的心理觸媒，便會做出上下樓梯的行動來。

〔仕掛12〕迷你鳥居模型的顏色與形狀都屬於物理觸媒，它引發人們心中「勿招天譴」的心理觸媒，導致了不亂丟垃圾的行為。

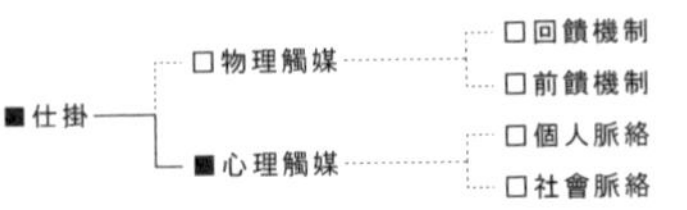

圖4 物理觸媒和心理觸媒的關係

〔仕掛4〕的腳踏車停車場，是以路面上的直線做為物理觸媒，讓人產生「不想橫切直線」的心理觸媒，而做出沿線停車的舉動。

先以物理觸媒引發出心理觸媒，再使人因心理觸媒而改變行動，這就是仕掛發揮機能的過程。

接著再說明物理觸媒和心理觸媒各自包含的原理。

【中分類】 回饋機制

物理觸媒是透過物理特徵對人產生影響，它底下包含「回饋機制」與「前饋機制」兩個中分類。

回饋機制（feedback）指的是仕掛會因應人們的行動而出現變化。人們可以透過五種感官來覺察到這些變化，此即回饋機制下方的小分類：「聽覺」、「觸覺」、「嗅覺」、「味覺」、「視覺」。

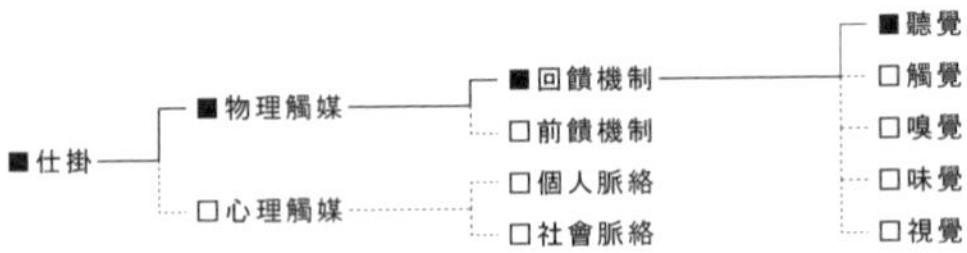

【小分類】 聽覺

〈仕掛14〉的錢幣軌道募款箱，同時可當作視覺回饋的例子。錢幣投入之後迴轉得愈來愈快，帶來視覺上的回饋，風切聲的頻率也隨著迴轉速度而形成聽覺上的回饋。這件仕掛是同時具有視覺及聽覺效果的理想設計。

另外，〈仕掛10〉的琴鍵階梯，在踏上樓梯時也能得到聽覺回饋。我在序章介紹過世界最深的垃圾桶，將垃圾投入後，會發出長長的墜落音與撞擊聲。

日本自古就懂得利用聲音效果製造仕掛。當人們從「鶯聲地板」上走過時，地板會發出類似樹鶯的鳴囀，提醒住戶留心是否有人非法入侵。

還有一種稱作「鹿威」的仕掛，它是透過竹管打擊石頭發出的聲響，趕跑附近的鳥獸。微風輕拂時傳出的清脆風鈴聲，則予人沁涼的感受。這些充滿情調的聲音早已融入我們的日常生活。它們都是利用聽覺回饋設計的仕掛。

因為聲音無法被耳朵阻絕在外，所以更有喚起注意的強制效果。若能妥善運用，將能發揮強大的效益。反之，若是不慎誤用，則會造成周遭人的困擾，在設計時必須考慮場所或條件上的限制。

這類仕掛比較適合設置在容許發出響聲的場所。譬如熱鬧的活動場合、設置特殊物件也不顯得突兀的觀光景點等。

【小分類】 觸覺

人們喜歡撫摸小兔子毛茸茸的身體、貓狗腳底的肉墊，因為它們的觸感很舒服。相反的，避免觸碰長滿了刺的板栗果實或是黏著髒污的換氣

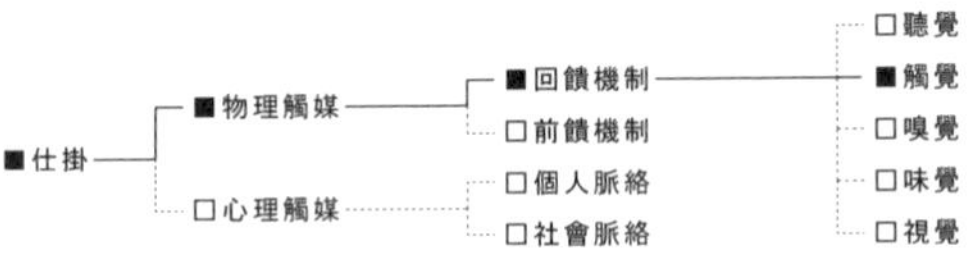

[仕掛 20] 三角型捲筒衛生紙

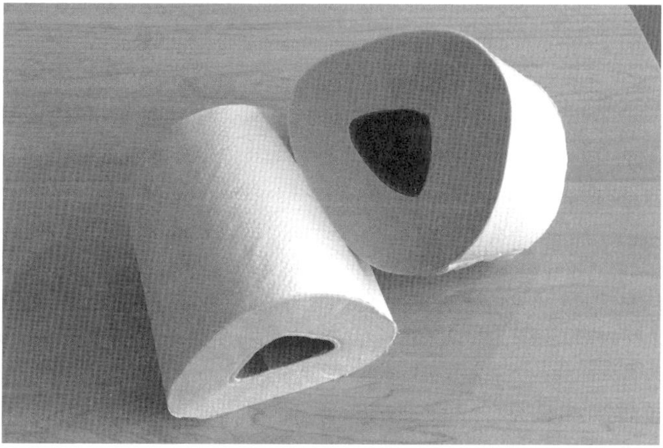

扇，也是基於感受不佳。

看起來柔軟的草地，讓人心情愉快地想在上面行走；天氣炎熱時，就想要觸摸冰涼的物品，天氣寒冷時，則想要把手放在暖和的地方。夏天就選擇走在太陽曬不到的陰涼處，冬天則盡可能走在日光之下。

人們習慣透過手、足、肌膚來接收觸覺上的刺激，這也是誘導人們採取行動的一種途徑。日本黑貓宅急便運輸公司（YAMATO）過去曾架設一幅數百公尺的巨型活動宣傳海報，上頭的貓臉覆滿了蓬鬆的黑色軟毛，因為觸感良好，常引起路人伸手觸碰，而且把個人的體驗分享到社群網站。設置這幅巨大海報的目的是宣傳新推出的服務，它成功創造了口耳相傳的話題，獲得預期的宣傳效果。

有的仕掛則是運用震動來傳遞觸感。例如〔仕掛20〕三角形捲筒衛生紙，當使用者取用時，每轉動其三分之一，就會感受到微弱的停頓震動。[*13]
根據統計，和一般捲筒衛生紙的用量相比[*14]，三角形捲筒衛生紙可減少每人約三十%的用量。

【小分類】 嗅覺

走在街上時，我們總是能聞到某些商店門口飄出的香味。有的商店為了引起注意，會特地將香味散播到人來人往的馬路上。
還有一種擬仿麵包烘焙焦香味的香水，專門賣給那些不自行烘焙的麵包店使用。

＊13 根據《大阪市東淀川區公報》二〇一三年六月號的統計。用手將捲筒擠壓成三角形的形狀即可完成。
14 我在大阪大學二〇一一年度開設的研討課程「使人改變行動的仕掛設計」裡進行的研究。

[仕掛 21] 巧克力香味海報

- ■仕掛
  - ■物理觸媒
    - ■回饋機制
      - □聽覺
      - □觸覺
      - ■嗅覺
      - □味覺
      - □視覺
    - □前饋機制
  - □心理觸媒
    - □個人脈絡
    - □社會脈絡

〔仕掛11〕的麵包烘焙機，每天早晨都會散發麵包的香氣，使人帶著愉悅的心情甦醒過來。

〔仕掛21〕是用香氣製作的巧克力餅乾棒海報。牆面上足足張貼了十四張海報，但卻寫著：「只有一張海報會散發出巧克力香氣！」誘使人們去尋找出真正帶有巧克力香味的海報。這種獨特的試聞經驗，讓人們樂於與旁人分享，因而達到宣傳的效果。

從近鐵奈良線或大阪環狀線的鶴橋車站下車之後，有一段通往其他月台的商店街，街上滿溢著燒肉店的香味，常使人垂涎三尺。*15筆者在學生時代經常從鶴橋車站轉車通學，鶴橋在我的印象中等於燒肉的代名詞。

*15 截至二〇一六年四月三日止，日本「食べログ」網站（http://tabelog.com）上的鶴橋地區共搜尋出八十三家燒肉店，是品嚐燒肉的熱門地區。

[仕掛 22] 爆米花試吃桶

- ■仕掛
  - ■物理觸媒
    - ■回饋機制
      - □聽覺
      - □觸覺
      - □嗅覺
      - ■味覺
      - □視覺
    - □前饋機制
  - □心理觸媒
    - □個人脈絡
    - □社會脈絡

也多虧有這段鮮明的回憶，現在我想吃燒肉時總會聯想起鶴橋。

像這樣各式各樣引人注意的嗅覺演繹，都可以運用在仕掛的設計上。氣味就跟聲音一樣，具有將附近的人捲入其中的強烈影響力，因此在設計時務必要特別留意運用的場合。

【小分類】 味覺

〔仕掛22〕是我在美國加州的暢貨購物中心發現的水壺玉米屋（Kettle Popcorn）爆米花。試吃桶下方的十字龍頭，就像扭蛋販賣機的轉盤一樣吸引人去轉動，而掉下來的滿手爆米花也達到讓顧客試吃的目的。

不單是食物能放入口中嚐試味道。口香糖公司留意到駕駛人在停車場入口處拿取停車票券後，會下意識將票券改以嘴巴含著，於是便設計出噴灑薄荷口香糖香氣的票券。

這件仕掛是將拿取停車票券並以嘴唇含住的動作，與口香糖的香氣作連結。據說在停車場附近的商店裡，這個牌子的口香糖也因而熱賣。

小孩子在口腔期階段，拿到什麼都想放進嘴巴裡試一試，但有的物品會卡住喉嚨造成危險。為了防止誤食，麗嘉娃娃（Licca-chan）公司特別在娃娃上塗布苦味劑，當孩子誤將娃娃含入口中時，就會立刻吐出。這件仕掛也利用了味覺回饋的設計。

【小分類】視覺

我們經常倚賴視覺來獲取環境資訊，因此視覺回饋可謂仕掛設計中的王道。視覺回饋包含了移動、改變形狀或顏色等等。

將錢幣投進〈仕掛14〉的募款箱後，它就會骨碌碌地加速迴轉。把玩

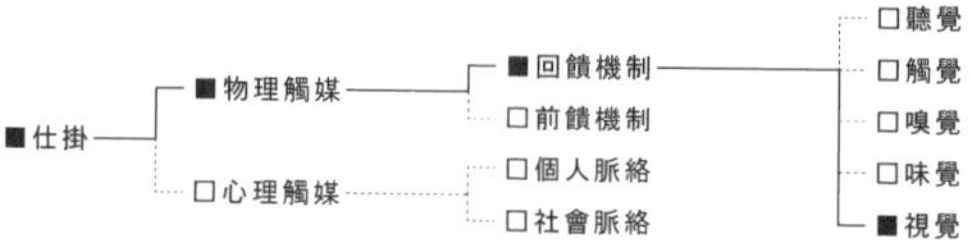

[仕掛 23] 隨笑容而變化的櫥窗

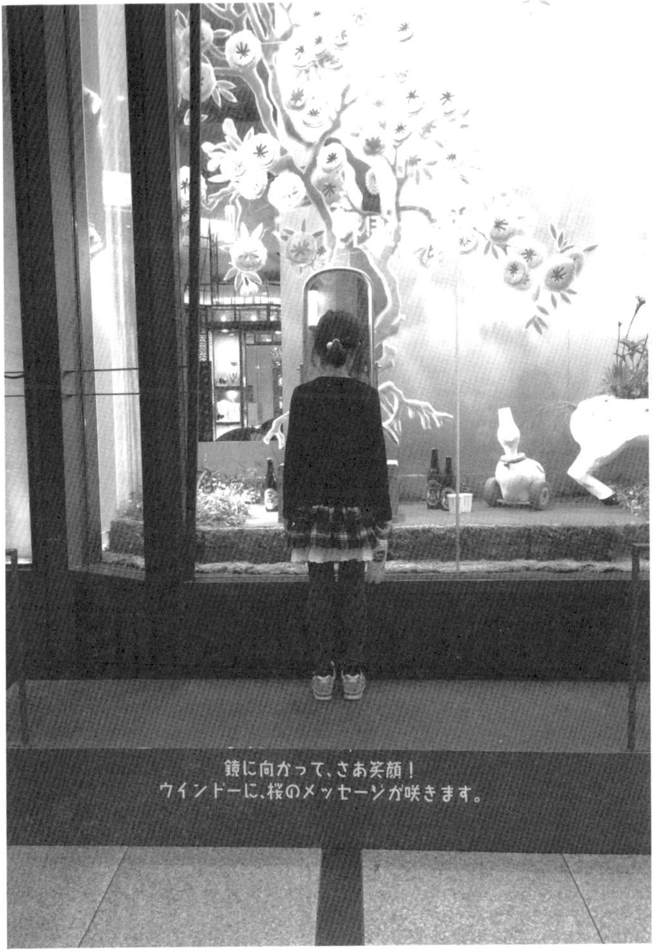
鏡に向かって、さあ笑顔！
ウインドーに、桜のメッセージが咲きます。

具餵進〔仕掛6〕絨毛玩偶的口中，它的肚子就會逐漸飽脹。〔仕掛9〕小便斗上的火焰貼紙被命中時就會熄滅。

〔仕掛23〕是阪急百貨梅田總店商店街上的展示櫥窗。當行人朝著鏡中微笑時，櫥窗裡的櫻花就會盛開。不論是上前體驗的人或站在一旁觀看的人，都因而展露出笑容。

這件仕掛會隨著人們的行動而給予視覺回饋，創造出「遊戲」的效果，極富吸引作用。

當然，可以視覺化的對象，不一定要是眼睛可見之物；將不可見的東西化為可見，也是一種方法。

譬如計步器的設計，就是將不可見的步伐，化為可見的數字。當我們從計步器上看見自己行走的步伐數太少，也許就會引發心理觸媒而願意再多走幾步路。

可讀取使用者的腦波並顯示出此人目前心情的「智能貓耳」（necomimi）

*16，也是將眼睛不能見到的抽象感情轉為可見的設計。顧客體驗著貓耳的反應時，總是特別愉快，這顯示出每個人都有與人交流的心理需求。

【中分類】 前饋機制

前饋機制（feedforward）跟回饋機制不同，它不是隨著人們的行動而給予反應，而是在人們做出某項行動之前，事先傳遞出訊息。當人們發現仕掛並開始思索它的用途之時，為了印證猜想，就會做出行動。

前饋機制下方的小分類是「類比」和「直觀」。以下分別加以介紹。

【小分類】 類比

類比（analogy）意指表現出事物彼此的相似性。利用物件使人們想起

*16 參見網頁 http://jp.necomimi.com/news/index.html

本有的知識或經驗，並自行類推，這就是類比的手法。

〔仕掛1〕的竹管看起來與望遠鏡類似，所以讓人想趨前一窺究竟。

〔仕掛10〕的琴鍵階梯使人想起鋼琴，而對它抱有也許會發出聲音的期待。

〔仕掛12〕的迷你鳥居模型與神社有關，因此人們會自我約束，避免受罰。

〔仕掛8〕小便斗上的箭靶象徵了瞄準的動作，於是使用者也真的嘗試著瞄準它。

再舉一例，〔仕掛9〕小便斗上的火焰除了象徵靶心，也暗示著火焰必須被撲滅，因此效果加倍。

類比作用引導人們將最初見到的物件，同化（異質同化）為平日熟悉

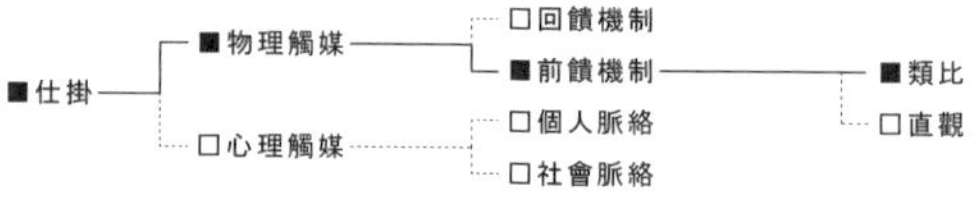

的印象，從而直覺預期其結果。

類比作用也可以引導人們把日常熟悉的印象異化（同質異化）為其他想像，藉以引發出興趣。設計良好的仕掛，通常都能巧妙地使用類比的原理，透過異質同化與同質異化誘導出人們的好奇心，進而採取行動。

每當我與人們聊到國內外各地的仕掛時，總會有人問我：仕掛是否會受到文化背景的影響？

其實，「類比」本身就隱含著文化上的認知差異。在筆者至今收集的仕掛實例中，〈仕掛12〉的迷你鳥居模型，可說是明顯受到文化背景影響的例子。不過，大部分的仕掛幾乎都與文化無關。若能善用常見的類比手法，仍然能夠設計出超越文化或國籍的仕掛。

【小分類】 直觀

直觀（affordance）*17意指一看便知道如何使用的「物件屬性」。但僅憑此點，很難與類比做出區別，所以還要再加上一個條件：「即使缺乏相關知識」也能夠意會出它的用途。

沒有見過椅子的人，只要見到椅子，馬上就意識到它是個可以「坐」的物件。在這種情況下，我們說椅子向人們傳達了「坐下」的概念。

〔仕掛1〕天王寺動物園裡的竹管，雖然使用了望遠鏡的類比設計，

*17 此處的直觀（affordance）不是詹姆斯・吉布森（James Gibson）在其直接知覺論使用中的定義〔Gibson 1986〕，而是唐・諾曼（Donald A .Norman）所指的使用者可覺察到的用途（Perceived Affordance）〔Noman 1988; Noman 2010〕。

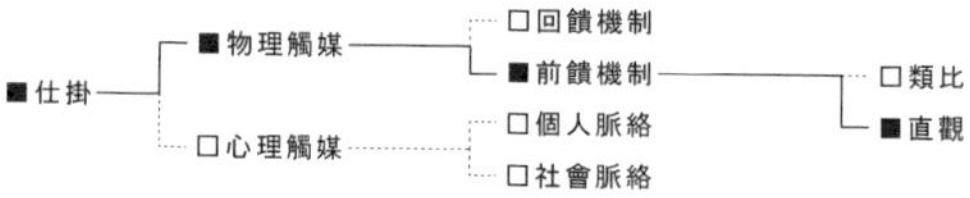

但同時也利用了直觀設計，讓孩子想要趨近窺看孔洞，而且孔洞的所在高度也恰好符合他們的身高。這根竹管綜合呈現出上述多種物理觸媒的效果，因此具有強烈的誘導作用。

直觀只是暗示了「可以這麼做」的可能性，但這與「想要這麼做」還有一段差距。

椅子提供了「坐」的條件。那麼人們是否一見到椅子就坐下呢？當然不會。需要稍微休息，或正在等候相約的朋友前來時，人們才會萌生「坐下」的念頭，而不會毫無來由的「坐下」。

所以，直觀不會使人產生「不如一試」的動機。唯有加入前面談到的「回饋機制」或稍後將介紹的「心理觸媒」等元素後，仕掛才可發揮引導的效果。

人類擁有豐富的知識與經驗，大抵都能推測出一件物品的用途，因此直觀原理很少有機會單獨出場。而且實際上人們也是先有了「坐」的概念，才發明了椅子。

不過，當人們看見一處高度及腰，且硬度、平整度都適中的地方，即明白這是個可以坐下之處，這便是一種直觀的認識。比如教室裡的桌子本來不是拿來坐的，但是學生在教室開會，遇到椅子不夠的情況，偶爾還是會搬桌子來坐。

坐在桌子上，就是運用直觀的一個例子。

此外，木頭地板上塗漆剝落的區域，代表人們經常在上面走動（參見稍後介紹的〔照片31〕），而門把上髒污較多的區塊，則是經常使用的地方。

前人留下的行動痕跡，也可以提供後人作為行動的指引。「腳印」意味著有人來過，因此在車站月台或收銀台旁的地面貼上腳印，就代表了這裡是排隊等候的位置。

〔仕掛7〕的電扶梯上，畫的是兩腳並攏的圖示。它利用人們的直觀反應，暗示搭乘者靠左側站立的搭乘規則。

【中分類】個人脈絡

心理觸媒是經由物理觸媒引起的內在心理動機。心理觸媒下方的中分類包括「個人脈絡」及「社會脈絡」。以下先說明何為個人脈絡。

個人脈絡代表源自自身經驗的內在心理動機。其中可細分出「挑戰」、「（消除）不協調」、「負面預期」、「正面預期」、「獎勵」、「自我認同」等小分類。

【小分類】 挑戰

正如字面上的意思，挑戰指的是激發人們「嘗試挑戰」的心理動機。想要瞄準小便斗上的靶心、想要將垃圾從籃板框中丟進垃圾桶，都是出於挑戰的心理。

太過簡單或太過困難的挑戰，都會減損樂趣，所以設定適當的難易度是很重要的。當眼前出現靶心時，雖然會使人冒出挑戰的想法，但如果靶心設置在一百公尺之外，就不會引發任何興致。

因為本書所討論的對象大部分都是物理仕掛，因此調整難易度不像在電腦遊戲上那麼容易。加上仕掛誘導的對象是人，所以更須留意將它設定在使人樂意投入的程度。

利用挑戰原理而製作的仕掛，大多是為了引起人們單純的玩心，如果設置在容易引人注目的地方，則難以達到效果。譬如附籃板框的垃圾桶

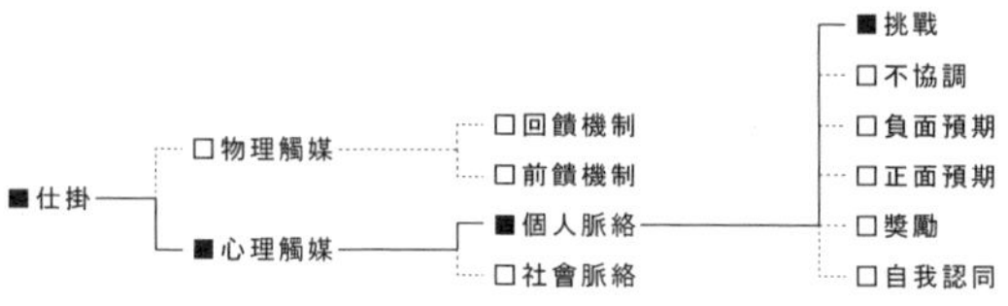

就不能放在過於醒目之處，否則極有可能遭到旁人糾正，而發揮不了作用。但假如把它放在籃球比賽場地或是遊樂園中，就不會引人側目。

【小分類】不協調

不協調，意指沒有對齊、不平整、雜亂，或是沒有按照希望、遵照實際上應有的狀態來呈現。不協調可以引起人們內心莫名在意的感受，有時甚至會覺得不太舒服，而為了要消除這股不愉快的感覺，人們便會採取行動。

〔仕掛4〕腳踏車停車場地上的線條，就是利用不協調的原理，讓人不自覺地沿著線條來停車。

〔仕掛2〕斜貼膠帶的文件盒，利用了人們喜歡將直線對齊的心理，結果竟按著正確的次序把它們排好了。這件設計是使人先察覺到它應有的樣態，然後不自覺地將雜亂的狀況整理恢復為原樣。這可說是「不協

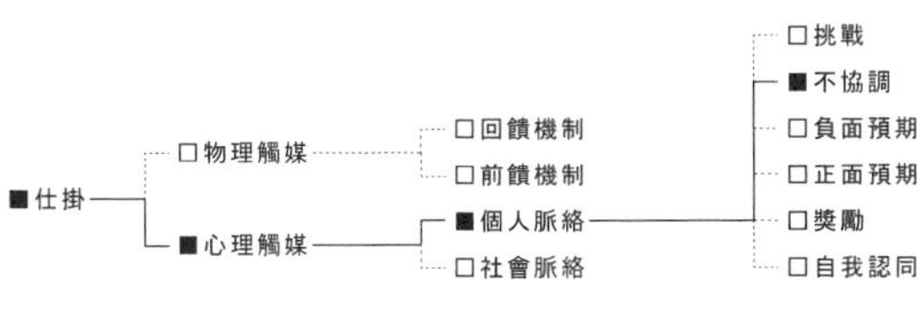

[仕掛 24] 測速照相機

- ■仕掛
  - □物理觸媒
    - □回饋機制
    - □前饋機制
  - ■心理觸媒
    - ■個人脈絡
      - □挑戰
      - □不協調
      - ■負面預期
      - □正面預期
      - □獎勵
      - □自我認同
    - □社會脈絡

調」的一個用例。

【小分類】負面預期

在覺得害怕或可能受傷的情況下，人們會盡可能避免危險的行為。因此，讓人們先留意到危險性，也不失為引發行動的好辦法。一旦發現了危險之後，便能主動避免，這就是利用人們的負面預期達到效果的設計原理。

〔仕掛24〕裡的測速照相機，可直接將行車速度顯示於看板上。當駕駛無意中瞥見自己的車速時，就會開始注意先前忽略的速限，而減速至規定範圍之內。這件仕掛只對超速的駕駛者帶來負面預期作用。

還有一種鋪設在路面上的減速丘，是針對行駛過快的車輪造成衝擊，令駕駛者不得不慢下速度。

雖然這種減速丘的效果十分顯著，但是如果遇到需要緊急通行的情況，就會造成阻礙，故無法當作救護車或警車的通道。替代方案是繪製錯覺圖。例如在地面漆上擬真的3D立體凹凸坑洞，這麼一來，救護車或警車駕駛就能夠不受影響地快速通行。

另外，有些道路的兩側會塗上油漆，造成路幅縮窄的錯覺，或者縮窄路面白色橫線的間隔，帶來加速錯覺，讓駕駛者放慢行駛速度。

日本的首都高速公路上便使用了上述的仕掛。[*18]還有一種「震動帶」（rumble strips）的設計，當車輪輾壓過震動帶時，會發出隆隆的噪音，提醒人們小心駕駛。有些路段刻意設計為「共有空間」（Shared Space），藉由故意撤除紅綠燈及交通指示牌，讓駕駛者及步行者提高警覺，從而加強此區域的安全性。

這些都是利用人們的負面預期而設計的仕掛。

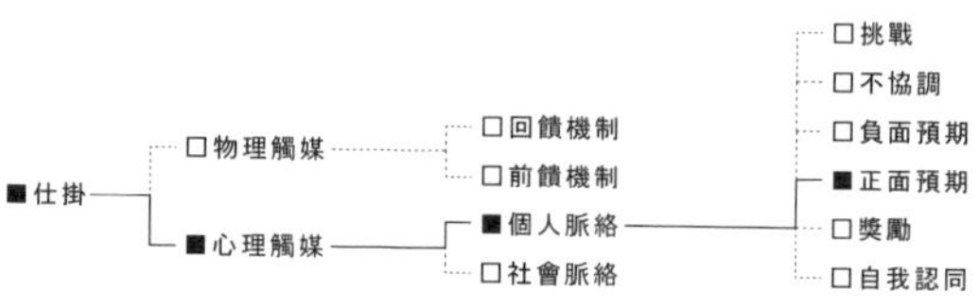

除了交通問題之外，還有其他的例子。譬如在菜單上標示出餐點的熱量，提醒有意減重的顧客避開高熱量的食物。

更極端的作法是將食物染成藍色，或是戴上藍色鏡片的太陽眼鏡，保證食慾全消。因為藍色可促使人們聯想起腐敗食物，並做出本能的防禦反應。*19這些方式都能夠引發負面的預期心理。

【小分類】 正面預期

正面預期指的是好奇心、趣味性、興奮感，它們都是促使人們改變行為的強力誘因。本書介紹的仕掛實例中，很多都是利用正面預期原理而

*18 日本首都高速公路上，是以寬窄不一的白色橢圓型取代線條，造成加速錯覺。又稱之為序列設計（sequence design）。

19 有的國家也會販售顏色鮮豔的蛋糕，這與文化背景多少有些關聯。

做的設計。

譬如〔仕掛1〕的竹管，當人們好奇從洞孔望出去的景象時，就會趨前窺看。〔仕掛10〕的琴鍵階梯則引起人們對琴音的預期而踩上階梯。〔仕掛13〕的隧道入口旁邊雖然設有進出方便的大門，但孩子仍然會選擇鑽進洞口。這些仕掛都巧妙利用了人們的正面預期心理。

我在序章中介紹過福斯汽車趣味發明大賽的入選作品「世界最深的垃圾桶」。這件仕掛運用了挑戰及正面預期效果，而光是這兩種原理的組合，就可以變化出非常多的仕掛設計。除了正面預期之外，還可加上不協調、負面預期等各種心理觸媒，以拓展仕掛的適用範圍。

【小分類】 獎勵

獎勵指的是透過給予能帶來愉快感受的禮物，誘導人們採取行動。

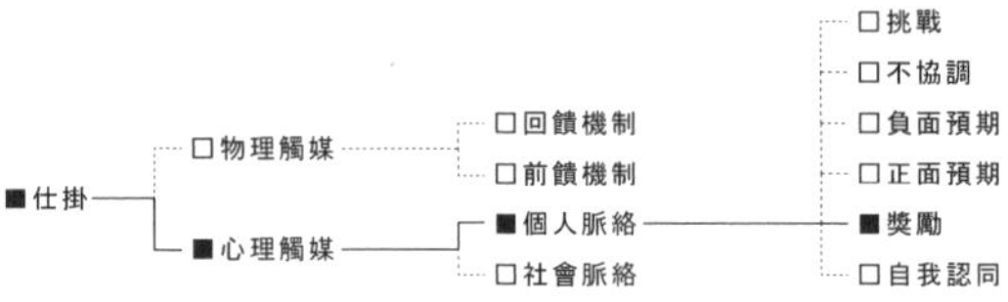

趣味發明大賽的另一件入選作品「測速照相大樂透」（Speed Camera Lottery）是利用測速照相機測量行車的速度，若是碰巧落在速限數字上，即有機會抽中獎金。根據報告顯示，這件仕掛使這個路段上的通行車速平均下降了二十二%。＊20

善用獎勵原理，將能獲得強大的效果，但是，也很可能使提供獎勵的一方遭遇反效果。如果把餅乾甜點當作獎勵，送給畫圖畫得很好的孩子，那麼一旦日後得不到同等的獎勵，孩子可能會失去畫圖的原動力。他原本是出於喜歡而作畫，這下子卻把餅乾甜點當成了目標，而將畫圖視為交換的籌碼。

因為獎勵而喪失內在動機的現象，稱為「侵蝕效應」（undermining effect）

＊20 參見網頁 http://www.thefuntheory.com/speed-camera-lottery-0

〔Deci 1971; Lepper et al. 1973〕，所以欲利用獎勵效果來達到目的，務必格外小心。具體來說，設計中應該傳達出「不一定會得到獎勵，但有可能得到獎勵」的「運氣成分」。

這即是所謂的「中獎效果」。就如「測速照相大樂透」並未直接給予獎勵，而是添加抽獎的不確定性在裡面，讓人們抱持著「說不定會得到獎賞」的心態，是個重要的關鍵。

我們也可以將獎勵視為是一種正面預期。不過，正面預期並未給予任何具體禮物，獎勵則是可能會給予某種禮物。兩者運用的邏輯也大異其趣，因此我將二者分別探討。

【小分類】 自我認同

自我認同，指人們期許自己的行為能夠合乎邏輯、道理，或具有一貫

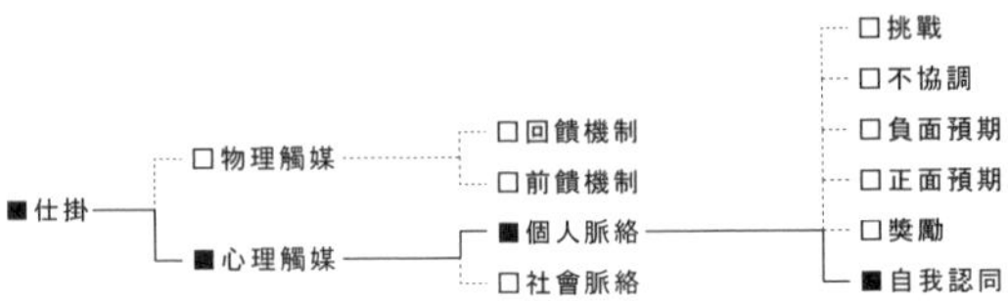

性、符合誠實原則等等。

保持儀容整潔就是自我認同的表現。人們總忍不住走近鏡子，從映影中整理自己的髮型服裝，就是基於這個原理。若將鏡子放在大廳的電梯等候區，人們就會耐心愉快地等候，因為鏡子使人們把注意力轉移到自己身上。〔Norman 2009〕

筆者曾經在課堂上帶學生做過一項實驗。*21我們在放置展示傳單的立架上，安裝了一面鏡子，結果引來更頻繁的注目，比本來的普通立架多出五・二倍。架上傳單被拿取的張數，則是平時的二・五倍。

人們受到鏡子的吸引而靠近傳單立架，但是為了使自己的行為合乎正當性，所以隨手拿取了傳單。

*21 同註14。

自我認同屬於自我尊重（self-esteem）的一種。期望獲得他人的接納與承認，則稱作他者認同。自我認同跟他者認同彼此關聯，沒有辦法簡單地劃分開來。

以注重儀容為例，人們保持儀容的整潔良好，是因為在意他人的目光，而不只是為了滿足自我認同而已。他者認同與我接下來要說明的心理觸媒中的社會脈絡也有密切的關係。不過，一旦牽涉到「他者認同」，很可能會模糊討論的焦點，所以在仕掛學中只納入「自我認同」原理。

【中分類】社會脈絡

人類生而為群體性動物，不會隨意違反社會上約定俗成的規範。社會脈絡指的就是人們因社會集體約束而形成的內在動機。它的小分類包含「引人注目」、「社會規範」、「社會認同」。

【小分類】 引人注目

如果人們發現似乎有誰正在看著自己，就不會做出羞恥丟臉的行為。像這樣因為他人視線而引起的外在刺激，即是所謂的「引人注目」（被注視感）。

畫上「眼睛」是向人們傳遞出「注視」的典型方法。動物天生就擁有察覺眼睛的本能，據研究指出，這是為了預防敵人的襲擊。

實際上，人類打從嬰幼兒時期開始，便懂得與他人的目光相對，或是盯著貓狗的眼睛瞧。當我們正面觀看一輛車子時，自然會將前照燈當成眼睛、將進氣柵板當作鼻孔。車身正面被設計成臉部五官的樣子，也是為了更快引起人們注意的緣故。

有趣的是，是不是真的有人看著自己，其實一點都不打緊。只要在咖

[仕掛 25] 牆上的字跡「防盜攝影機」

- ■仕掛
  - □物理觸媒
    - □回饋機制
    - □前饋機制
  - ■心理觸媒
    - □個人脈絡
    - ■社會脈絡
      - ■引人注目
      - □社會規範
      - □社會認同

啡投幣回收箱上貼一張眼睛貼紙，就能有效提高回收率〔Bateson et al. 2006〕，在腳踏車停車場的牆上張貼畫有臉孔的海報，也能大大減少竊盜案件的發生。〔Nettle et al.2012〕。

由此可知，即使沒有人真的看見，眼睛圖示依舊發揮著效用。這一點非常耐人尋味。這就好比刻意將防盜攝影機安裝在人們看得到的地方，便能達到抑制犯罪動機的效果。甚至像〔仕掛25〕寫在牆上的「防盜攝影機」幾個大字，也具有一定的警示效果。*22

據說藍色防盜燈同樣帶有抑制犯罪動機的效果。這個實例源自英國的格拉斯哥（Glasgow），此地政府曾經為了變化市容而全面改採藍色街燈，

*22 不過周邊地區的竊盜案件卻因而增加了。

沒有想到竟降低了犯罪率。*23現在日本各地政府機關或自殺事件頻傳的車站月台上，都會採用藍色燈管，理由即在於此。

*23 據說是因為在藍色燈光底下看不到靜脈血管，導致毒癮犯罪者的離去。

【小分類】社會規範

社會規範是基於社會大眾的共同意見所形成的準則、行動及判斷的依據。

〈仕掛12〉的迷你鳥居模型，是利用鳥居來暗示神聖場域的存在，喚起人們心中戒慎恐懼、避免受到天譴的心理，從而遵守社會規範。

此外，〈仕掛4〉則是將社會規範藉由視覺化的線條表現出來，讓人們理解到應該沿著地上的直線停放腳踏車。

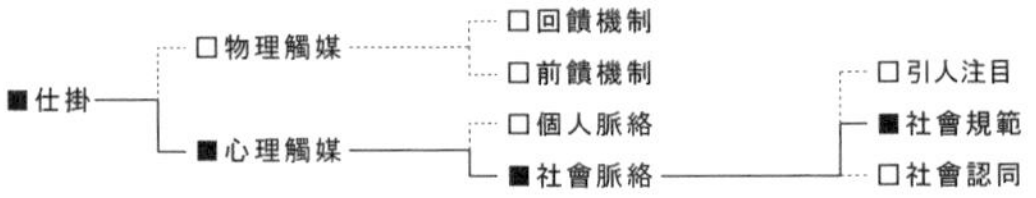

利用社會規範設計的仕掛，在不同的文化背景或地區當中未必合適。譬如迷你鳥居模型，如果把它擺放在沒有神道教信仰文化的地區，便不具效果。電扶梯的站立位置也因地區而有別，對於居住在其他地區的旅客來說，可能不太清楚。此外，脫鞋入室也是一種文化現象。

喝湯時發出響聲是失禮的行為，但是吃蕎麥麵時簌簌作響才是正統的吃法，這一類的例子實在不勝枚舉。不過，這種社會規範通常是隱而未顯的，透過仕掛呈現出來之後，才能誘導人們採取行動。

【小分類】　社會認同

社會認同指的是眾人所產生的集體影響力。

如果人們都不任意丟棄垃圾，就會逐漸形成不能隨便亂丟垃圾的社會認同；反之若大家認為丟棄垃圾沒有關係，便形成相應的社會認同。

〔Keizer 2008〕

[照片 26] 摩托車置物籃裡堆滿垃圾

■仕掛
□物理觸媒
□回饋機制
□前饋機制
■心理觸媒
□個人脈絡
■社會脈絡
□引人注目
□社會規範
■社會認同

〔照片26〕摩托車前方的籃子顯然不是垃圾桶，人們必定也知道不可把垃圾扔到裡面，但是為什麼會變成照片中的樣子呢？也許是有人起了頭，以至逐漸形成可以往裡面丟垃圾的社會認同，而引發他人的仿效。

在路上散步時，偶爾會看見彈唱歌手，在放著小費的吉他硬盒前表演。這時如果箱子裡放的都是紙鈔，那麼觀眾多半會跟著放入紙鈔；若只有錢幣，觀眾放入錢幣的機率就高一些。

受到他人的影響，而決定自己放入的小費金額，這便是「種子基金」效果（Seed money），我們可以在許多不同的場合中發現此類現象。〔John and David 2002〕這也是群體行動形成社會認同的例子。

筆者曾帶領學生在便利商店的協助下進行一項實驗：在寶特瓶回收箱的上方，簡單地準備一個瓶蓋回收箱。結果，瓶蓋回收率從原本的四十九%提高到六十%。因為放在瓶蓋回收箱裡的蓋子傳達出社會認同，因而讓人們願意把瓶蓋旋開，再分別投入回收箱。

我們往往能從一家大排長龍的商店推測出這家店受歡迎的程度。而站在紅綠燈下等候燈號變換的人數，也顯示出等待時間的長短。

儘管社會認同隨處可見，但是同樣一種現象也可能會引發截然相反的看法。妥善運用社會認同來解決各種問題，是將仕掛普及於社會的重要途徑。

觸媒的組合運用

將物理觸媒和心理觸媒加以組合之後，便可設計出具有誘導力的仕掛。

表2 物理觸媒與心理觸媒的關係

			物理觸媒							
			回饋機制					前饋機制		合計
			聽覺	觸覺	嗅覺	味覺	視覺	類比	直觀	
心理觸媒	個人脈絡	挑戰	0	0	0	0	9	3	2	14
		不協調	4	2	0	0	3	4	5	18
		負面預期	1	3	0	0	4	1	6	15
		正面預期	11	2	1	0	6	13	9	42
		獎勵	1	0	0	0	4	0	0	5
		自我認同	2	0	0	0	5	5	0	12
	社會脈絡	引人注目	0	0	0	0	5	5	3	13
		社會規範	0	0	0	0	0	4	0	4
		社會認同	3	0	0	0	1	3	8	15
合計			22	7	1	0	37	38	33	138

筆者將至今收集的一百二十件仕掛實例，連同其仕掛的原理，整理如表2所示。表中的數字代表物理觸媒和心理觸媒組合運用的件數。我們可以發現，那些使用頻率較多的觸媒組合，就是比較容易運用的模式。

表2中顯示，使用了「類比」及「正面預期」的組合共有十三件，「聽覺」及「正面預期」組合有十一件，由此可知，這種搭配比較容易運用。表中也呈現出〇件的組合。與其說這些是不相合的搭配，不如說是因為我們分析的一百二十件實例數據仍不夠多，或是因為我收集到的都是較為「醒目」的仕掛之故。

讀者也可以從表2的數字掌握每一種觸媒的使用傾向。「回饋機制」（六十七件）及「前饋機制」（七十一件）的使用率相當，「個人脈絡」

（一〇六件）則比「社會脈絡」（三十二件）來得高。

如果看得再仔細點，我們可以發現「視覺」（三十七件）與「聽覺」（二十二件）約占了「回饋機制」的九成；「前饋機制」裡的「類比」（三十八件）跟「直觀」（三十三件）則相差不遠。

「個人脈絡」中的「正面預期」（四十二件）用例最多，約占四成；「社會脈絡」中的「引人注目」（十三件）與「社會認同」（十五件）約占九成。使用次數愈多的原理，就是較容易使用或效果較明顯的原理。

這些使用傾向可以作為設計仕掛時的參考。我建議剛開始嘗試設計仕掛的讀者先採用常見的組合，等到累積了一定經驗之後，再挑戰少見的新組合。使用方式由讀者自行決定。

3章

仕掛的發想法

發現仕掛的方法

觀察孩子的行爲

在同樣的時間與場所中，成人與小孩對同一件仕掛的反應往往不盡相同。因為發現仕掛的過程並非單憑知識，更重要的是擁有一顆好奇心。人們的知識隨著年歲而與日俱增，然而，對世上萬物的好奇心卻逐漸變少了。因此，我們可以藉由觀察孩子們好奇的反應，來發現仕掛的蹤跡。孩子就是天生的仕掛搜尋者。

孩子也很擅長發明具有挑戰性的遊戲，例如「誰先從人行道的邊緣掉到馬路上就輸了」、「過馬路時不踩到白色斑馬線」等等，他們立下種

[仕掛 27] 影子遊戲

種遊戲規則，然後進行比賽。

〔仕掛27〕照片裡，孩子們循著地上的窗櫺陰影，玩起了跳格子遊戲。成人通常不會特別注意地上的影子，而這棟建築物或窗櫺的設計者，恐怕也只是考慮到窗戶本身的機能，才做了如此的設計。但是孩子擁有從窗櫺陰影自由發想的創意，因此處處都是他們的遊樂場。

成人在判斷事情時，經常會不自覺地受到常識的侷限，所以不會一股腦地投入眼前偶然的現象中。其實如果稍微改變一下視角，將會發現世界上充滿了樂趣。

本書刊載的照片大多是筆者自行拍攝的，其中尤以觀察孩子的反應而發現的仕掛居多。如果你也想要發現仕掛，不妨多多觀察孩子。

觀察人們的行爲

觀察孩子雖是十拿九穩的好方法，不過，成人有時也會在不經意間改變自己的行為。當我們觀察廣場旁的人們，可能會發現他們除了長凳以外，也會坐在稍微凸出的地方，或者將花壇的邊緣當成坐椅。

再看看人們使用公園垃圾桶的方式，就會發現到垃圾種類隨著地點而不同。觀察違規停車好發的區域，也能得知停車者的身分與經常停車的時段。

如果留意在室外吃便當的人們，也能得知這個族群的聚集地點，以及他們的性別、衣著透露出的身分，與便當的種類。

反覆觀察各種現象之後，你將發現每一件事的背後必有理由可循，而不僅只是偶然而已。

可能是因為此地往來通行的人很多，也可能是坐在那裡的視野良好；

或許與周邊的交通設施有關，也或許是考慮到日照；有的人在這裡讀書，有的人則等待著相約的朋友，理由因人而異。

觀察人們的行為所得到的見識，將有助於設計出理想的仕掛。

如果想要延長人們停留在廣場上的時間，可以在需要坐下休息的地方（例如購物後提著大包小包走過的通道上）擺幾張長凳，同時考慮人們喜歡的座向（例如不與他人視線正對之處）。即使不特別設置長凳，而是一塊高度及於腰際且乾淨平整的區域，也會成為人們歇腳落座的處所。

觀察人們拍照的行為也是有趣的經驗。儘管人們在行動時不免猶豫遲疑，卻很少排斥使用智慧型手機拍照。

促使人們按下快門的地方，必然有什麼能引發興趣的事物。循著他們的視線看過去，說不定就能找到仕掛存在的線索。

筆者過去到紐約時代廣場旅遊時，偶然看到一群民眾，聚集在階梯的

[仕掛 28] 映照出自己的螢幕

最上層，望著毫無變化的巨大廣告螢幕發愣。正當感到不可思議的時候，螢幕上忽然切換為站在那裡的群眾影像。

〔仕掛28〕是我當時拍下的巨大螢幕紀念照。[*24] 時代廣場那一帶到處懸掛著巨大的LED廣告看板，可是誰也沒注意上面播放了什麼廣告。獨獨這塊拍攝現場人影的巨大螢幕備受矚目，是個趣味性十足的仕掛。

現在玩自拍的人愈來愈多，而且拍攝的地點也不限於觀光地區。然而，在自拍畫面中，拍攝者的臉部總是占據過多的面積，以至容納不下四周的美景。

澳洲旅遊局為此特別設置了一台超高畫素照相機「GiGA Selfie」（〔仕

*24 仔細找找，筆者也在照片裡。

[仕掛 29] G!GA Selfie 遠距自拍照相機

掛29〕），當遊客站在指定的位置上時，即可驅動照相機從一百公尺外進行拍攝，得到以六百幀照片合為一幀的傑作。很多人見了照片後，都興起前往澳洲欣賞壯麗風景的念頭，也特別到這台照相機的拍攝地，親自體驗它的魅力。

澳洲旅遊局以GIGA Selfie推廣澳洲的觀光行銷之後，日本赴澳洲旅遊的人數在一個月內迅即增加了一百一十八%（二〇一五年九月活動實施當月升幅）。

客觀觀察並反省自身的認知狀態，此即所謂的「後設認知」（metacognition）。我們能夠藉由覺察自身的行為，來發現仕掛的蹤跡。譬如，當自己在步出建築物前，產生「不知道該開啟哪一扇門」的困擾時，便能進一步注意到，那扇大門上還缺少了重要的設計。

〔照片30〕是筆者任教學校裡的食堂大門。左右兩扇門上都貼有「推Push」的標示，但右側的門卻被鎖住而無法動彈。

［ 照片 30 ］手動門

［ 照片 31 ］地板磨損的痕跡

筆者幾次試圖用右手打開右邊這扇門，但每一次都失敗了。這扇大門上雖然貼著「推 Push」的標示，我卻不難想像，多數的人會做出拉門的錯誤舉動。最主要的原因是門上裝了把手。如果將把手換成推板，並貼上五指張開的手勢圖，必定能夠達到良好的引導效果。

人們留下的行動痕跡也是設計仕掛的關鍵線索。〔照片31〕是筆者學校內食堂的地板。仔細一看，地板上有幾處塗漆已經磨損。由此可知人們走到這裡的轉角時，總是習慣沿著彎幅最小的內側行走。

但從轉角另一方彎過來時，看不見這一側的狀況，所以就會出現動線混亂的問題，必須用仕掛加以改善。

〔仕掛32〕攝於加州帕羅奧圖車站內，它是設置在T字路口兩側的防護欄。這裡的轉角雖然也有盲點，但是因為往左、往右兩個轉彎的直角壁面都已被削成比較緩和的拐彎，因而可有效減少盲點。再加上設置了

[仕掛 32] **防護欄**

兩道防護欄，使得人們接近此處時必須繞開，而降低了衝突的可能性。這個設置在轉角的防撞設施也具有仕掛的作用。

世界上到處都充滿了仕掛，我們卻不常留意到它們的存在。因此，我們可透過觀察人們的行為來發現仕掛。這是個無論何時何地都能進行的觀察，而尋找仕掛的過程也無比有趣。請讀者們務必試著挑戰一次，發掘出有趣的仕掛來吧！

先列舉元素，再加以組合

截至目前為止，我所介紹的仕掛實例，大多都非常簡單明瞭。不過，自己發明設計新的仕掛卻意外的有難度。讓我們回想序章介紹過的 FAD 三大原則：

表3 仕掛的對象和元素

	仕掛名稱	仕掛的對象	仕掛的元素
1	竹管	動物園	竹管
2	斜貼膠帶的文件盒	文件盒	斜線
3	漫畫套書書背上的拼圖	漫畫	圖片
4	腳踏車停車場地上的線條	停車場	白線
5	附籃板框垃圾桶	垃圾桶	籃板框
6	絨毛玩具收納袋	收納袋	絨毛玩偶
7	電扶梯上的腳印	電扶梯	腳印圖示
8	小便斗上的靶心	洗手間小便斗	靶心
9	小便斗上的火焰	洗手間小便斗	火焰
10	琴鍵階梯	巷弄	琴鍵
11	我家的麵包烘焙機	麵包烘焙機	計時器
12	迷你鳥居模型	地點	鳥居
13	隧道入口	入口	隧道
14	裝上錢幣軌道的募款箱	募款箱	錢幣軌道
15	櫥窗邊的踏台	櫥窗	踏台
16	幻視藝術拍攝景點	階梯	幻視藝術畫
17	貼上可消耗卡路里貼紙的階梯	階梯	貼紙
18	扭蛋募款存錢筒	存錢筒	扭蛋
19	〔偽仕掛〕手繪腳印	監理所	腳印
20	三角形捲筒衛生紙	捲筒衛生紙	三角形
21	巧克力香味海報	海報	巧克力香氣
22	爆米花試吃桶	爆米花	試吃桶
23	隨笑容而變化的櫥窗	陳設物品	笑容
24	測速照相機	道路	測速照相機
25	牆上的字跡「防盜攝影機」	防盜攝影機	塗鴉文字
27	影子遊戲	通道	窗櫺的影子
28	映照出自己的螢幕	螢幕	自己
29	G!GA Selfie 遠距自拍照相機	觀光客	自拍
32	防護欄	T字路口	護欄
33	獅子口手指消毒器	大學校園祭	消毒液噴灑器
34	釣人池	大學教室	釣池
無	世界最深的垃圾桶	垃圾桶	墜落撞擊音效
無	測速照相大樂透	測速照相機	籤

公平性（Fairness）
吸引力（Attractiveness）
雙重目的（Duality of purpose）

若能設計出符合上述三大原則的仕掛當然很好，可是點子不會憑空冒出來。為了有效率地找出設計的點子，就必須先學習仕掛的發想法。

筆者在前面已羅列出各種仕掛的實例，設置地點包括活動會場、辦公室、餐飲店、大學校園、動物園等，並且試著提出幾種可嘗試的組合。接下來，筆者將繼續介紹日常生活中實用的仕掛發想法。

發想仕掛的訣竅，正如「創意只不過是結合既有的元素」〔James Webb Young 1988〕這句話所說的一樣，必須先列舉出相關元素，再思考如何組合。

我在表3中回顧了書中談到的仕掛實例，並於後方加上它們的元素。

我也鼓勵各位讀者多加留意那些乍看毫無關聯的組合。以仕掛的對象為起點，隨意地進行發散聯想後，極有可能在與目的（待解決之問題）無關的元素組合中，找到意想不到的解決方案。這正好說明了仕掛的誘導性及雙重目的原則。

我在前面列舉過許多發現獨特創意的方法，讀者可以作為參考。此外，筆者從嘗試過的方法中，歸納出以下四種仕掛發想法：

- 借用仕掛的實例
- 利用相似的動作
- 運用仕掛的原理
- 奧斯本檢查清單

以下我將逐一介紹各種發想法，並於最後說明設計仕掛時，應該注意的「馬斯洛鐵鎚法則」。

借用仕掛的實例

設計仕掛最簡單的辦法，就是借用既往的作法。

若要借用附籃板框垃圾桶的實例，我腦中立刻浮現出的點子是：將籃板框換成足球網，把要放進箱內的物品，當成保齡球瓶一樣立起來。

此外，還可以把用過的紙箱底部重新組起來，當成籃球網來使用，原本沒有用途的紙箱，就會搖身一變成為魅力十足的贈品垃圾桶了。

當我們想要解決的對象問題相似時，替換仕掛裡的部分元素，可說是最為簡單且確實有效的辦法。仕掛的用處在於解決問題，如果不太在意獨創性的話，這是我最推薦的一種發想法。

不過，問題就出在我們並沒有所謂的「仕掛實例手冊」可供參考。筆者雖然收集了上百件的實例，但必須顧慮到照片及影片的原始版權，所以無法在書中公開。

筆者正致力於建立仕掛資料庫，希望有朝一日能實現這項計畫並予以公開分享。

利用相似的動作

仕掛是透過改變人們的行動來解決問題的一種設計，所以我們也可以從「行動」來尋找設計的線索。

讓我們來想想本書中常舉的「垃圾桶」之例。首先試著列出與「丟」垃圾相似的動作，例如「投擲」、「收納」、「放置」、「射準」、「掉落」等。接著再由各個動作開始自由發想關鍵詞：

「投擲」飛鏢、釣魚、運動會投籃遊戲

「收納」洗衣服、餐具、收集

「放置」行李、CD、空氣

「射準」神社的籤、弓箭與靶心、謎題

「掉落」陷阱、雷、飯糰

發想內容與動作之間，若不具有直接連結的脈絡也沒關係，重點是盡可能隨意地發想。

其次，我們試著將這些聯想出的關鍵詞，與「垃圾桶」進行排列組合。雖然只是隨興地組合，但由於這些關鍵詞的來源動作，與「丟」的動作具有共通之處，因此會比想像中來得容易搭配。

把前面列舉的五種動作與「垃圾桶」組合以後，就產生了以下幾種構想。

〈仕掛〉垃圾桶 ＋ 釣魚

〈說明〉把垃圾丟入桶內，即測得垃圾的體積與重量，並得到一張類似魚拓的「垃圾拓」。垃圾的體積重量也會被記錄在公開排行榜。

〈仕掛〉垃圾桶 ＋ 收集

〈說明〉將垃圾桶設計成格子狀，在不同的格子內，指定收集不同種類的垃圾。當格子被連成一線「賓果」時，垃圾才會掉進桶中。

〈仕掛〉垃圾桶 ＋ 空氣

〈說明〉投入愈多的垃圾，垃圾桶就會膨脹得更大。

〈仕掛〉垃圾桶＋籤

〈說明〉投入垃圾以後，垃圾桶會掉出籤詩。

〈仕掛〉垃圾桶＋陷阱

〈說明〉垃圾先經過滾落的過程，然後掉入桶中。

讀者可能會發現這與歇後語的邏輯相仿：「一說到A就想到B，因為他們都是（有）C」。

上述例子中，A（仕掛的對象。這裡是「垃圾桶」）與B（仕掛的元素。這裡是「釣魚」或「收集」等）之間的共通點是C（人們被誘導出的行動。這裡是「投擲」或「放置」等）。設計良好的仕掛就像如此：A與B乍看毫無關聯，但二者都具備共通點C。

這種發想法的要點是：先設定好動作，再列舉出與動作相關的關鍵詞，然後在這些詞彙之間加上聯想。筆者發想時也經常搜尋網路上的圖片。鍵入適當的關鍵字，然後看著網頁上各種關聯性或高或低的圖案進行思考，有用的點子就會從腦中浮現出來。

透過圖片的刺激，相關的詞彙、概念、記憶便紛至沓來。各位讀者不妨嘗試這個簡單的發想法。

運用仕掛的原理

把第二章介紹過的仕掛原理依序檢視一遍，也是個好方法。仕掛原理由兩個大分類、四個中分類、十六個小分類組合而成，例如我們可以思考：如果在設計中添加「回饋機制」元素的話，可能會變成什麼樣子。

具體而言，仕掛帶給反應者的回饋，可細分為「聽覺」、「觸覺」、「嗅覺」、

「味覺」、「視覺」上的回饋。我們來嘗試把這些元素化做具體的點子。垃圾桶與「聽覺」回饋發生關聯的實例是「世界最深的垃圾桶」。此外，我們再想想垃圾桶和「視覺」、「觸覺」、「嗅覺」、「味覺」回饋連結後的可能性：

〈仕掛〉垃圾桶＋視覺回饋

〈說明〉讓投入桶內的垃圾重量變得具體可見。在垃圾桶上加裝排行榜，每個丟垃圾的人都能參與這場比賽。

〈仕掛〉垃圾桶＋觸覺回饋

〈說明〉只要投入垃圾，垃圾桶上方的風扇就會啟動旋轉，將涼風吹拂到人們的臉上。

〈仕掛〉垃圾桶＋嗅覺回饋

〈說明〉因應垃圾的味道，發出不同的號角響聲。

〈仕掛〉垃圾桶 ＋ 味覺回饋

〈說明〉讓垃圾桶表現出吃進美味垃圾的樣子。

上述都是在預設前提下進行發想的方法。我們可以從這些點子當中，尋找出可以實際應用的方案，或者進一步發想出其他的創意。

奧斯本檢查清單

在發想中遇到瓶頸時，切換視角也許就能找出新點子。「奧斯本檢查清單」*25中列出的九項方法，時常被當作轉換思緒的參考。

1．挪作它用？（Put to other uses?）
2．相似？（Adapt?）
3．修改？（Modify?）
4．擴大？（Magnify?）
5．縮小？（Minify?）
6．替換？（Substitute?）
7．重排？（Rearrange?）
8．相反？（Reverse?）
9．整合？（Combine?）

檢核清單的背誦口訣是「替反整似它大小」（取「替換、相反、整合、相似、挪作它用、擴大、縮小」的第一個字而成）。〔星野 2005〕*26

另外，還有知名的「SCAMPER 法」，它將奧斯本檢查清單稍微做了改變。SCAMPER共包含七項方法，分別取每個要件的第一個字母組成。

1. 替換？（Substitute?）
2. 整合？（Combine?）
3. 相似？（Adapt?）
4. 修改？（Modify?）
5. 挪作它用？（Put to other uses?）
6. 刪除？（Eliminate）
7. 重排？（Rearrange/Reverse?）

---

*25 譯注：奧斯本（Alexander Osborn，1888-1966），美國廣告學家、創意思維專家。

26 譯注：星野匡《發想法入門》書中提出的口訣。這條口訣並未包含「修改」與「重排」。

當你在發想新的垃圾桶仕掛設計，卻苦無靈感時，可以考慮「挪作它用」：找出垃圾桶的其它用途。例如將對象改為不是垃圾的東西、嘗試至今從未見過的垃圾桶擺放方式、在桶內放入其他物品等等。

循著這個路線繼續思考，那麼，腦中或許會浮現出兒童房裡散落一地的玩具、塞滿研究室書櫃的印刷文件。這些東西不是垃圾，也不是本來打算扔棄的東西，可是冷靜想想，裡面包含了許多不必要的物品。意識到這些東西其實早就可以捨棄，也許就會找到垃圾的來源。

由此便產生「可清理出垃圾的垃圾桶」的概念。

倘若不是從「挪作它用」的視角來思考垃圾桶的用途，就不會冒出這些點子。缺少靈感的時候，稍微改變一下視角，往往能夠得到突破性的進展。

然而，如果不去付諸實現，終究不知道這些創意是否有效、或是否切合需求。希望讀者們盡量嘗試各種角度，找出最適合自己的發想法。

俄羅斯太空人用鉛筆寫字

「當你手上握有鐵鎚時，世界就只剩下釘子。」（”if all you have is a hammer, everything looks like a nail”）〔Maslow1966〕這句話又稱為「馬斯洛鐵鎚法則」。馬斯洛指出，人在面對問題之時，總是傾向使用自己最擅長的方法來解決。鐵鎚在此處只是打個比方。

擁有熟練技術的人，習慣使用繁複的技巧來解決容易的問題。以下這個著名的美國笑話，就是在揶揄這種大費周章的現象。*27

*27 其他記載指出，NASA當時也是使用鉛筆。http://history.nasa.gov/spacepen.html

When NASA first started sending up astronauts, they quickly discovered that ballpoint pens would not work in zero gravity. To combat the problem, NASA scientists spent a decade and $12 billion to develop a pen that writes in zero gravity, upside down, underwater, on almost any surface, and at temperatures ranging from below freezing to 300 degrees Celsius.

The Russians used a pencil.

美國太空總署（NASA）第一次派遣太空人前往太空時，即注意到在無重力狀態下，原子筆無法書寫的問題。為了克服這個問題，美國太空總署召集科學家集思廣益，耗時十年時間、斥資一百二十億美元，終於開發出一款在無重力、上下顛倒、水中或任何表面、冰點以下或攝氏三百度等條件下，都能書寫無礙的原子筆。

另一方面，俄羅斯太空人使用鉛筆寫字。

發想仕掛創意，最重要是找出類似「用鉛筆寫字」的簡易途徑。然而，以技術為導向的人在設法解決垃圾分類問題時，卻可能朝著設計自動分類垃圾裝置的方向發展。

人類以為透過技術就能毫不費力的解決所有問題，但是以技術作為解決手段，並不如想像中來得輕鬆。「只要每個人稍微留心垃圾分類的問題就好了」的想法又太過樂觀，且實現的可能性也微乎其微。不過度依賴技術，而是誘導人們「順手做分類」，反而容易實現目標。

儘管現代已發展出具高度解決能力的機器人，但是從各方面條件而論，人類的精密程度仍是機器人所不能及的。

人類的眼睛可以正確辨識環境或物體，雙腳可以自由移動到想去的地方，雙手也能夠進行複雜細緻的動作。人類隨心所欲的舉動，對機器人而言卻極為困難。而且人類可以累積經驗與知識，不僅有優異的動作能力，更擁有綜合判斷的優異能力。

無論再怎麼仰賴機械，終究都會受到侷限，面臨故障、成本增加等問題。除了可代替人類進入危險場所、執行工廠內的單純作業，或協助耗費體力的看護工作之外，機械本身的缺陷還是大過優點。

若考慮到現實上的可行性，那麼降低人們對機械的依賴程度、引導人們採取行動，也不失為是一種解決途徑。設計仕掛時，應該要留心自己的手上是否正拿著鐵鎚，卻忽略了問題的本質。

仕掛創意發想案例

最後，我想向讀者介紹兩則仕掛的案例。這是筆者指導的學生在二〇一五年大阪大學MACHIKANE學園祭「仕掛實驗室」中展示的設計。

〔仕掛33〕是仿照電影《羅馬假期》中著名的場景「真理之口」而製作的。這隻張開大口的獅子，總是吸引學生戰戰兢兢地將手伸入。獅子的嘴裡有一台自動感應手指消毒器，一旦把手放入後，機器就會朝手指噴灑酒精。許多學生都試著把手放進去，當消毒液噴灑在手上時，也令他們嚇了一大跳，使旁觀者紛紛產生興趣，造成連鎖反應。

我的學生刻意將仕掛實驗室的展覽場地，設置在平時訪客較少的C棟四樓的C407教室，以便測試另一件仕掛的吸引力。

C棟大樓的建築採ㄇ字型結構，站在教室走廊上，即可俯瞰一樓中庭的動靜。學生們在四樓陽台設置了醒目的「釣人池」（〔仕掛34〕），打算將路人釣上四樓。作法是在四樓拿著釣竿垂下麻繩，繩子前端都綁著浮標及裝有活動傳單的膠囊圓球。當路過的學生循著眼前的浮標與膠囊圓球往上一看，隨即從四樓的「釣人」布幕明白到：自己就是「被釣」

[仕掛 33] 獅子口手指消毒器

[仕掛 34] 釣人池

的人。他們在好奇心驅使之下，就會真的跑上C407教室來了。

這個仕掛也帶來了空前的盛況。每當將麻繩垂下，一定會有人來取走釣餌（傳單），而且還有很多人特地前來C407教室，在獅子口手指消毒器及釣人池前，玩得不亦樂乎。

小結

筆者從二〇〇五年末開始投入仕掛學的研究，本書的內容就是這些年來累積的成果。為了使大眾易於掌握概念，我以淺顯易懂的敘述撰成本書，盼望各位讀者在翻閱以後，能夠對仕掛學的未來發展抱持期待。

在本書的開頭之處，已經大略交代了當初著手建構「仕掛學」的契機。對研究者而言，創建一門嶄新的研究學門著實得冒上風險。最感困擾的是沒有「研究學會」，而沒有學會，就沒有發表研究成果的場合。此外，必然也還找不到志同道合的研究者，只能孤獨地摸索前進。若非樂而忘飢，我無法持續至今。

研究者的貢獻，通常可分為學術貢獻與社會貢獻這兩方面。然而，由於沒有學會，所以無法期待所謂的學術貢獻。雖然偶有機會發表在其他相關的學會場合，但是這種作法多少帶有踢館的味道，不免使我再三顧慮。

所幸在風氣自由的日本人工智能學會全國大會上，已連續數年將「仕掛學」列為研討議題，使我得以聽聞各界寶貴的意見。此外，儘管不知是否帶來學術貢獻，但是仕掛學的社會貢獻卻令人期待。我們正積極籌備相關的工作坊、駭客松（程式設計馬拉松）與競賽活動，以利推廣仕掛學的應用。

我之所以選擇稱它為「仕掛學」，主要是考慮到「仕掛」在日語當中是個親切常見的用詞。「○○學」的用法也許予人距離或晦澀無趣之感，但是我相信「仕掛學」能為大眾所理解。若果能如此，那麼發展仕掛學的研究，就更是刻不容緩。畢竟仕掛學雖然唸起來順耳，但還不足以使它推展普及。

因此，我一直期盼能夠出版一本大眾普及的仕掛學讀物。承蒙許多朋友及活躍於各領域的職人專家的關心，我過去在尋找與仕掛學相關的資料時，有許多研究者紛紛以論文相贈，並主動和我聯絡。希望這本書的出版，能夠帶領更多的讀者認識仕掛學的堂奧，並且對各界帶來實質的幫助。

參考文獻

〔Bateson et al. 2006〕Melissa Bateson, Daniel Nettle, and Gilbert Roberts.（2006）. Cues of Being Watched Enhance Cooperation in a Real-World Setting. Biology Letters, 2（3）, 412-414.

〔Deci 1971〕Deci E. L.（1971）. Effects of externally mediated rewards on intrinsic motivation. Journal of Personality and Social Psychology,18（1）,105-115.

〔Gibson 1986〕James J. Gibson.（1986）. The Ecological Approach to Visual Perception. Psychology Press.

〔John and David 2002〕John A. List and David Lucking-Reiley.（2002）. The Effects of Seed Money and Refunds on Charitable Giving: Experimental Evidence from a University Capital Campaign. The Journal of Political Economy,110（1）,215-233.

〔Keizer 2008〕Kees Keizer, Siegwart Lindenberg, and Linda Steg.（2008）. The Spreading of

Disorder, Science, 322, 1681-1685.

〔Lepper et al. 1973〕Lepper M. R., Greene D., and Nisbett R. E.（1973）. Undermining children's intrinsic interest with extrinsic reward: A test of the "overjustification" hypothesis, Journal of Personality and Social Psychology, Vol.28,No.1,129-137.

〔Maslow 1966〕Abraham H. Maslow.（1966）. The Psychology of Science: A Reconnaissance. Harper & Row.

〔Matsumura et al. 2015〕Naohiro Matsumura, Renate Fruchter, and Larry Leifer.（2015）. Shikakeology: designing triggers for behavior change. AI & Society, 30（4）, 419-429.

〔Nettle et al. 2012〕Daniel Nettle, Kenneth Nott, and Melissa Bateson.（2012）. "Cycle Thieves, We Are Watching You": Impact of a Simple Signage Intervention against Bicycle Theft. PLoS ONE, 7（12）: e51738.

〔Norman 1988〕Donald A. Norman.（1988）. The Psychology of Everyday Things. Basic Books.（岡本明・安村通晃・伊賀聡一郎・野島久雄訳（２０１５）『誰のためのデザイン？──認知科学者のデザイン原論（増補・改訂版）』新曜社）

〔Norman 2009〕Donald A. Norman.（2009）. Designing waits that work. MIT Sloan Management Review, 50（4）, 23-28.

〔Norman 2010〕Donald A. Norman.（2010）. Living with Complexity. The MIT Press.（伊賀聡一郎・岡本明・安村通晃訳（2011）『複雑さと共に暮らす―デザインの挑戦』新曜社）

〔Thaler and Sunstein 2008〕Richard H. Thaler and Cass R. Sunstein.（2008）. Nudge: Improving Decisions About Health, Wealth, and Happiness. Yale University Press.（遠藤真美訳（2009）『実践行動経済学　健康、富、幸福への聡明な選択』日経ＢＰ社）

〔Wilson and kelling 1982〕James Q. Wilson and George L. Kelling.（1982）. The police and neighborhood safety: Broken Windows, The Atlantic Monthly, March.

〔James Webb Young 1988〕ジェームス・ウェブ・ヤング（1988）『アイデアのつくり方』（今井茂雄訳）ＣＣＣメディアハウス

〔星野 2005〕星野匡（2005）『発想法入門（第三版）』日本経済新聞社

照片來源

01．竹管二〇〇六年七月二日筆者拍攝
02．文件盒上斜貼膠帶二〇一五年四月六日筆者拍攝
03．漫畫套書上的拼圖二〇一六年五月三日筆者拍攝
04．腳踏車停車場地上的線條二〇一〇年十月十六日筆者拍攝
05．附籃板框垃圾桶二〇一六年三月三十日筆者拍攝
06．絨毛玩具收納袋二〇一四年十二月三十一日筆者拍攝
07．電扶梯上的腳印二〇一四年三月十四日筆者拍攝
08．小便斗上的靶心二〇一四年五月七日筆者拍攝
09．小便斗上的火焰二〇一五年九月十三日筆者拍攝
10．琴鍵階梯二〇一三年八月二十九日筆者拍攝
11．我家的麵包烘焙機二〇一六年四月一日筆者拍攝
12．迷你鳥居模型二〇一六年三月三十一日筆者拍攝

13．隧道入口二〇一二年五月二十八日筆者拍攝
14．裝上錢幣軌道的募款箱二〇一二年六月二十三日筆者拍攝
15．櫥窗邊的踏台二〇一四年九月二十九日筆者拍攝
16．幻視藝術拍攝景點二〇一六年四月二十四日筆者拍攝
17．貼上可消耗卡路里貼紙的階梯二〇一六年七月二十九日筆者拍攝
18．扭蛋募款存錢筒二〇一五年八月二十五日筆者拍攝
19．手繪腳印二〇一五年二月二十四日筆者拍攝
20．三角形捲筒衛生紙二〇一六年七月三十一日筆者拍攝
21．巧克力香味海報廣本嶺先生提供
22．爆米花試吃桶二〇一三年七月十四日筆者拍攝
23．隨笑容而變化的櫥窗二〇一六年四月十六日筆者拍攝
24．測速照相機二〇一二年六月一日筆者拍攝
25．牆上的字跡「防盜攝影機」二〇一四年四月二日筆者拍攝
26．摩托車置物籃裡的垃圾二〇一〇年十一月二十二日筆者拍攝
27．影子遊戲二〇一一年六月二十五日筆者拍攝
28．映照出自己的螢幕二〇一三年六月二十四日筆者拍攝
29．GIGASelfie 獲澳洲旅遊局井上忠浩先生許可刊載

30．手動門二〇一五年九月四日筆者拍攝
31．地板上的擦痕二〇一五年八月二十八日筆者拍攝
32．防護欄二〇一四年三月二十三日筆者拍攝
33．獅子口手指消毒器二〇一六年三月三十日筆者拍攝
34．釣人池二〇一五年十一月一日筆者拍攝

國家圖書館出版品預行編目（CIP）資料

仕掛學：使人躍躍欲試，一舉兩得的好設計／松村真宏著；張雅茹譯．／初版．／臺北市：遠流，2018.04
192 面；13*19 公分．--（綠蠹魚；YLP17）
ISBN 978-957-32-8230-3（平裝）
1. 工業設計 2. 人體工學 3. 行為心理學
440.19　　107002087

綠蠹魚 YLP17

仕掛學

使人躍躍欲試，一舉兩得的好設計

作　者　松村真宏
譯　者　張雅茹
責任編輯　鄭雪如
封面設計　萬勝安
內頁設計　費得貞
行銷企畫　沈嘉悅

—

發 行 人　王榮文
出版發行　遠流出版事業股份有限公司
100 臺北市南昌路二段 81 號 6 樓
電話　（02）2392-6899
傳真　（02）2392-6658
郵撥　0189456-1
著作權顧問　蕭雄淋律師

—

2018 年 4 月 1 日 初版一刷
售價新台幣 300 元（如有缺頁或破損，請寄回更換）

ISBN　978-957-32-8230-3

ylib 遠流博識網　www.ylib.com　E-mail: ylib@ylib.com
遠流粉絲團　www.facebook.com/ylibfans